U0175139

是谁发明了发明？

[美]科迪·卡西迪（Cody Cassidy） 著

袁娜 译

改写人类历史的17个高光时刻

WHO ATE
THE FIRST OYSTER?

CTS 湖南科学技术出版社　博集天卷 CS-BOOKY

著作权合同登记号：图字 18-2022-048

图书在版编目（CIP）数据

　　是谁发明了发明？ / （美）科迪·卡西迪著；袁娜
译 . — 长沙：湖南科学技术出版社，2022.7
　　ISBN 978-7-5710-1621-0

　　Ⅰ . ①是⋯ Ⅱ . ①科⋯ ②袁⋯ Ⅲ . ①创造发明—普
及读物 Ⅳ . ① N19-49

中国版本图书馆 CIP 数据核字（2022）第 095588 号

上架建议：畅销·科普

SHI SHEI FAMING LE FAMING?
是谁发明了发明？

著　　者：［美］科迪·卡西迪（Cody Cassidy）
译　　者：袁　娜
出 版 人：潘晓山
责任编辑：刘　竞
监　　制：邢越超
策划编辑：李齐章
特约编辑：万江寒
版权支持：辛　艳
营销支持：文刀刀　周　茜
版式设计：李　洁
封面设计：主语设计
内文排版：百朗文化
出　　版：湖南科学技术出版社
　　　　　（湖南省长沙市芙蓉中路 416 号　邮编：410008）
网　　址：www.hnstp.com
印　　刷：三河市天润建兴印务有限公司
经　　销：新华书店
开　　本：875mm×1270mm　1/32
字　　数：147 千字
印　　张：6.75
版　　次：2022 年 7 月第 1 版
印　　次：2022 年 7 月第 1 次印刷
书　　号：ISBN 978-7-5710-1621-0
定　　价：49.80 元

若有质量问题，请致电质量监督电话：010-59096394
团购电话：010-59320018

献给我的父母

300 万年的时间线

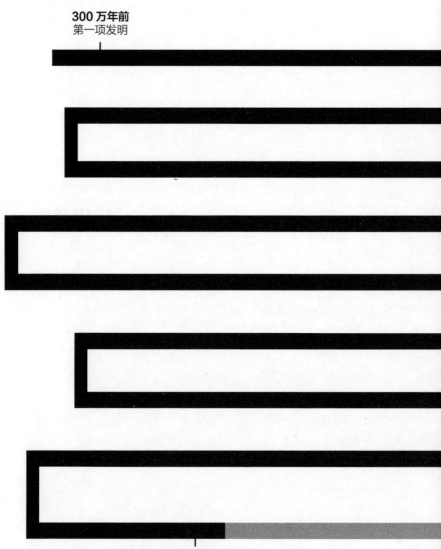

300 万年前
第一项发明

30 万年前
解剖学意义上的现代人（晚期智人）出现

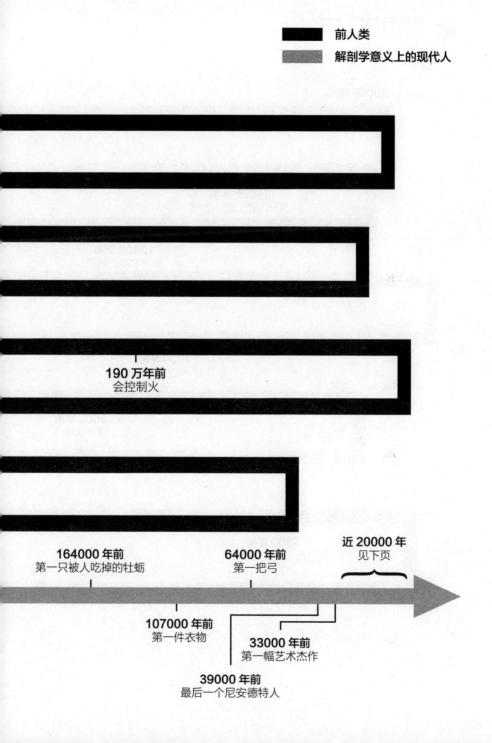

图例：
前人类
解剖学意义上的现代人

190 万年前
会控制火

164000 年前
第一只被人吃掉的牡蛎

64000 年前
第一把弓

近 20000 年
见下页

107000 年前
第一件衣物

33000 年前
第一幅艺术杰作

39000 年前
最后一个尼安德特人

近 20000 年

20000 年前

16000 年前
第一次踏上美洲大陆

15000 年前
第一次酿造啤酒

7000 年前
第一台外科手术

5600 年前
第一次骑马

3300 年前
图坦卡蒙诞生

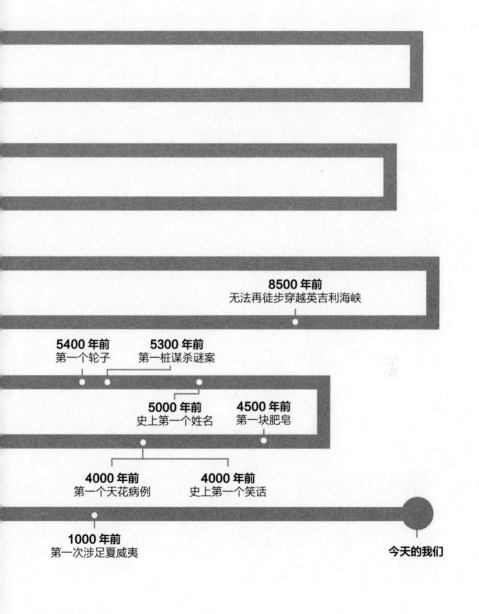

8500 年前
无法再徒步穿越英吉利海峡

5400 年前
第一个轮子

5300 年前
第一桩谋杀谜案

5000 年前
史上第一个姓名

4500 年前
第一块肥皂

4000 年前
第一个天花病例

4000 年前
史上第一个笑话

1000 年前
第一次涉足夏威夷

今天的我们

CONTENTS

目录

导言

他是个大胆的人，
第一个吃牡蛎的人。

——乔纳森·斯威夫特

1991 年，在意大利东北部距奥地利边境 4.6 米之处，阿尔卑斯山脉间，海拔 3200 米的奥兹塔尔山（Ötztal）上，人们发现了一具尸体，这是世界上最耐人寻味的谋杀案的受害者。遇害的男子被称为奥兹（Ötzi），大约 5300 年前，他因被人从背后用箭射中而死，他的尸体被发现之后，成了人类历史上被研究得最为仔细的尸体。2017 年秋天，我决定探访这起谋杀案的现场。尽管这是我第一次进行刑事侦查，但我认为，任何一名出色的凶杀案侦探都会以此入手侦查案件：追溯受害者生前的最后脚步。我也是这样开始的。

值得一提的是，即使这桩谋杀案发生的时间比大金字塔的建造时间还早近 1000 年，但上述的追溯做法是切实可行的。这多亏了科学家，他们从受害者的消化系统里鉴别出了多层花粉，并识别出了花粉的不同来源，基于此，我们可以推测出奥兹生前最后 12 小时的行踪，而且推测结果的精确性远远大于通过任何猎犬搜索得来的结果。

奥兹生前远行的地方，是现今意大利北部的一片区域。这片区域原属奥地利，第一次世界大战后被割让给意大利。然而，我去到那里时，所见之景让我怀疑没有人告知过当地居民他们居住地所属的国家已经变更了。那里的建筑风格、饮食特色、文化氛围、主要特征，甚至问候方式都是奥地利式的，这吓得我仔细查看了一下地图，确保自己没有越过国境线。

远足那天，一大清早我就出发了。很快我就知道，奥兹在他去世的那天，身体状态一定很好。我习惯了内华达山脉缓缓升高的山丘，但奥兹塔尔山不同，这里的山极为陡峭，突兀地刺向河谷上空，因此，即使奥兹选择的路线已经非常平缓，但由于山的走向，这条路也依旧纵横交错，急弯连连，蜿蜒通向高处的雪盖和迷雾。

调查人员已经证实，奥兹登上山顶后，还悠闲地享用了一顿午餐，之后不久才遇害。这么看来，他是一位比我优秀得多的气象学家。因为，当我到达顶峰时，雪花飘飘，浓雾弥漫，一团白茫茫中，山路若隐若现。我不得不费心思考，如何走完前方凶险的路，抵达奥兹的安息地，结束这麻烦的行程。正当此时，我发现了几名登山者（这还是当天我第一次遇到登山者），他们的脚上都结结实实地绑着冰爪。我们彼此都不太听得懂对方的话，但是，在他们对着我的网球鞋一番连比带画之后，我们确实达成了一个共识，那就是如果我以这身装备继续往前走，那么，奥兹的安息之地也可能就是我的安息之地。此时，我离案发现场不到 400 米，离家 9700 公里，我决定，针对这起案件，采访下调查过现场的考古学家就足够了。

这次失败的谋杀案现场之旅是本项目的一部分，这个庞大的、长达三年的项目催生了这本书。最初，项目是为了探寻人类那些伟大的"第一次"，但很快，项目内容就扩大了，包括了对相关人物的特写。对史前发现了解得越多，我就越想了解这些发现背后的人物。然而，大多数对史前时代的重建都完全忽略了个体的存在，只会说"人们"，而不说"某人"。

因此，我着手从人类深远的历史中，去寻找杰出人物。我采访了一百多位专家，读了几十本书和几百篇研究论文；网购了黑曜石，试着用它刮脸；实地参观了人类第一件伟大的艺术作品；用燧石和黄铁矿生火；用一个古代弓的复制品射箭；把稀粥搅烂酿啤酒，并且差点就和奥兹在他的安息地会合了。

最终，我确定了 17 个远古时期的人，他们大多生活在人类还没有文字记录的时代。这 17 个人，是学者们确定真实存在的人，他们的非凡举动或改变命运的行为是现代生活的基础。然后，我问了我认识的几乎所有人：从考古学家到工程师，从遗传学家到律师，从占星家到酿酒大师，我挨个儿地问，这些我们未知其名的人可能是谁，他们当时在想什么，他们出生在哪里，他们说什么语言（如果他们会说话！），他们穿什么，信仰什么，住在哪里，怎么死的，他们如何完成了自己的发现，而最重要的是，这些发现为什么重要。

当以几千年之遥的眼光来看历史时，我们会觉得文化、技术和进化的变革似乎是沿着一条平滑的路线进行的：石器逐渐让位于金属，毛皮逐渐让位于纺织品，采集浆果逐渐让位于栽培作物。这种渐变的表象，让人们很容易想当然地认为，在看似必然的人类历史发展轨迹中，或者在极其缓慢的人类进化速度中，没有一个个体能够扮演重要的角色。

然而，这种渐变其实只是我们的一种幻觉，它忽略了一个事实，即技术发展，甚至人类进化总是以这样的方式发生：时断时续，以个人为核心。比如，滚动的原木不会必然地转变成马车，相反，是有一个人发明了轮子和车轴，这被许多学者视为有史以来最伟大的机械发明；比如，有人使用了第一把弓箭，这可能是世界上最成功的武器系统。由于文字历史不完善，我们已经永远失去了这些人的名字，但一个名字即一个细节，而现代科学目前能提供更多细节，可以揭示这些史前的天才的故事。

"天才"和"史前"这两个词并不经常一起出现，这"归功"于动画片和早期讽刺漫画造成的刻板印象，以及将工具和技术等同于智力的错误诱导。尽管"史前"本应只指有文字记录之前，但字典里给该词列出的第一个同义词是"原始"，这是个极为明确的暗示：生活在"历史的黎明之前"的人，是文盲、野蛮人、白痴，是住在黑暗洞穴里的兽，稀里糊涂地大嚼着猛犸象肉汉堡包。

但正如大多数刻板印象一样，我们稍微推敲一下，上述印象就会支离破碎。所谓的穴居人（他们中的大多数甚至根本不住在洞穴里），他们需要的知识比我们这些生活在大规模粮食生产和职业专业化时代的人要广泛得多，因为他们的生存取决于对环境的全面了解。他们每一个人都必须会做这些事情：寻找、采集、狩猎、捕杀，以及制造他们吃的、住的或用的几乎所有东西。他们必须知道，哪些植物会致命，哪些植物会救命，哪些植物在什么季节、什么地方生长；他们也必须知道动物的季节性迁徙模式。我采访过的学者说，没有证据表明古代历史上的天才比今天更少见，然而确实有一些证明表明，那时的天才比现在更常见。

史前时期曾有天才存在，这一论断让人觉得有争议，甚至感觉是种臆测，其实大可不必。

史前的人们与我们一样，他们当中也有相当一部分的傻瓜、小丑、笨蛋、叛徒、懦夫、无赖和邪恶的、复仇型心理变态者（有几个后面我会讨论），同时，他们当中也有相当一部分像达·芬奇和牛顿一样的人物。这不是凭空猜测，相反，这是一个事实，一个可被证明的、可经查实的、无可争辩的事实。证据就刷在法国的洞穴墙壁上，刻写在中东的黏土板上，显现在南太平洋的岛屿上，也埋葬在俄罗斯的车轮上。如果牛顿因发明微积分而受到赞誉，那么我们该如何对待发明数学的人呢？如果哥伦布因误打误撞踏上美洲大陆而闻名，那么我们该如何看待那个比哥伦布还早 16000 年且真正发现了美洲大陆的人呢？还有，我们该如何看待，在哥伦布（意外地）发现新大陆的 500 年前，那个执意寻找并最终发现了世界上最遥远的群岛的人呢？

所以，"史前"只意味着他们的名字和故事没有被记录下来，仅此而已。他们生平的辉煌程度并不亚于那些后来者，相反，他们更为辉煌夺目，至少在少数事件中。

这种认识本应早就成为常识了。现代科学已然消除了一些疑惑。

然而，直至现在，对这些远古个体的记录仍旧少得可怜，部分原因是关于他们几乎没有什么可说的。早期考古学家发现了骸骨和工具，但还不足以说明其主人的人性、个性和动机。

但是，在过去的几十年里，现代科学对人类远古历史的解释，已经达到了惊人的程度。多亏了获取和分析DNA的技术，古老的骨头开始讲述令人惊讶不已的新奇故事，关于那些在世界尚处于宜居边缘时的幸存者，关于瘟疫的起源，甚至关于服饰的发明。古语言学家重建了古代语言，以追溯人口流动、生活方式，甚至某些发明的地理位置——其中也许就包括发明轮子的地方。

过去二十多年来，传统考古学也经历了戏剧性的变化。考古发现的数量激增，已经达到了这样的程度：作者们无一例外地在请求读者谅解（这也是我的请求），因为在作品写完等待出版的时间里，总有揭示性的发现出现。如今，写史前的事就像玩打地鼠游戏，才写完一个，又冒出新的，这不仅仅是因为总有新的考古发现，还因为新的工具会被应用在原有的发现上。

最近的人类学研究甚至揭示了这些远古人的心态。加州大学圣塔芭芭拉分校（University of California, Santa Barbara）的唐纳德·布朗（Donald Brown）等学者的研究显示，数百种人类文化之间，存在着显著的一致性，尽管它们表面上看起来完全不同，就像巴布亚新几内亚高地原住民和曼哈顿街上的银行家。布朗和其他学者对这种相似性进行探索，列出了一个详细的表，其内容就是人类学家所称的"人类普遍性"，即每种文化都会展现的某一组揭示性的特征。

13世纪，当马可·波罗结束航行回到欧洲，他讲述了在泰国和缅甸的见闻，绘声绘色地描述了巴东族人（Padaung）和加央族人（Kayan）将脖子拉长的做法，震惊了当时的欧洲。尽管从表面上看起来，拉长脖子和西方的领结似乎是两种截然不同的思维方式的产物，但它们都源于人类对个性化和身体装饰的普遍渴望。而如果马可·波罗发现了一种人人都不装饰自己的文化，那反而太奇怪了——到目前为止，没有任何人类学家发现过这种文化。身体装饰就是布朗等人类学家确立的数百种人类普遍性之一，许多研究人员认为，这些普遍性提供了一个绝佳视角，可以洞见那些考古遗迹未能保存下来的远古文化。它们虽然不描述个人，但它们有助于描述人类何以为人类。

尽管现在我们拥有了非常厉害的工具，可以细致分析久远的过去，但仍存在许多根本性的问题。有一次，我咨询了两位世界顶尖的考古学家，问他们智人是什么时候开始讲完整语言（full language）并像现代人一样思考的，他们给出的答案相差10万余年。我们的过去就是如此顽固、如此神秘莫测。

然而，有了现代工具的帮助，现在的学者在进行推断时，会更有理有据，因此，对远古人类历史上的非凡人物、杰出时刻和伟大创举的推断，会达到更复杂、更精确的程度。

很久以前，我时不时地会思考人类历史上那些奇特的第一次。我想我不是一个人，我们中的许多人在尝试某种新的，尤其是特别奇怪的东西时，应该都冒出过这个想法。但深入思考这个问题是后来的事情了，契机是我读到了一位古埃及医生的笔记，在那篇辛酸的笔记中，他描述了自己的一位病人，那人的乳房里面长了肿瘤。历史学者认为，这是第一例有文献记载的癌症病例。在对肿瘤扩散进行了很长而详细的描述之后，那位古埃及医生简单地补充了几个字："没有治疗方法。"

这种具体性——这位古老的女性遭受着这种古老疾病的折磨，让我找到了一丝感动。具体性、个体性，是我觉得在对古代"人"的典型描述中极为缺乏的东西。于是，我打定主意，不仅要寻找人类的那原始的第一次，还要了解那些成功实现创举的个人。

于是有了这本书。它讲述了这些人是谁，他们做了什么，以及他们的创举为何重要。

关于大数字问题的简要说明

　　你，我，以及包括学者在内的所有人，都无法真正理解极为漫长的时间。在我们的感知里，2万年和3万年或30万年之间仿佛并无差别，仅仅都只是"很久以前"。这些信息太过脱离实际、过于抽象，对我们的理解来说，最终毫无用处。这和天文学家在讨论宇宙的浩瀚或白矮星的质量时遇到的问题是一样的。我们的头脑生来不是用于处理这种层级的抽象的问题，当面对这些大到令人难以想象的数字时，我的倾向是使用诸如"非常大""非常远""非常非常久以前"之类的词，然后迅速接着写下文。

　　当然，这就产生了一个问题，因为用庞大的数字表示的年代虽然在我们眼里都是一样的，但事实并非如此。而且，对人类历史来说，这些差别有着巨大的意义。例如，最近的考古发现表明，在长达5000多年的时间里，智人与尼安德特人①的生活地域曾有重叠的部分。而人类所有的书面历史也就是这么长时间。人们普遍有个坚定的信念，是聪明的智人碾压了尼安德特人，将他们赶下了历史舞台。然而，正确地评估下

---

① 现今科学界多将尼安德特人视为智人的一个亚种，此处"智人""尼安德特人"主要按照传统意义上的说法来区分。——编者注

1000 年和 5000 年的差别，会使我们的这一信念动摇，让其变得相当复杂。反过来，这也会迫使我们重新审视一下自己的惯常做法，我们一直忽视了自己祖先的近亲的智力。

如果我们要了解不同人种、不同文化之间的关系，并了解人类进化的本质，我们就必须感受这些庞大数字之间的差异。因此，我想了一些辅助办法。曾经，我考虑过把美元符号放在年份数字之前，例如，1000 年变成 1000 美元，以此试图把抽象的东西变得实体化。然而，我最终还是选择了一个更为常见的方法：时钟倒计时（除了前两章，这两章发生在人类进化之前很久）。如果将解剖学意义上的现代人进化以来的 30 万年历史视为 1 天的 24 小时，那么人类有文字记录的历史开始于午夜前半小时。这样一来，剩余的 23 个半小时，就是"史前时代"，一个约 15 亿无名无姓的人的"家"。

针对大数字问题，在写作中，除了绝对必要的时候，我都避免引用大数字表明年份，我更愿意描述当时人们的生活背景。但有些时候，讨论难以理解的大数字是不可避免的。在这些情况下，时钟倒计时的方法可能会帮助你（就像它帮助我一样）思考金钱、时间线，甚至是小时，而不是年份。

01

谁发明了发明？

这发生在 300 万年前，在人类进化之前。

1960 年 10 月，当时简·古道尔（Jane Goodall）才 26 岁，她在观察黑猩猩。她给自己一直观察的一只黑猩猩取名为"灰胡子大卫"（David Greybeard）。有一天，她看到灰胡子大卫拿着一根长长的树枝，把枝上的树叶全部摘光，再把枝条摸索着伸进白蚁丘，然后抽出枝条，舔掉枝条上的白蚁。对灰胡子大卫来说，这不过是它为了找点零食吃的一个小举动，但对当时的科学界来说，这却是惊天动地的大事，因为在当时，科学界对智人的定义标准是会使用工具，并视其为智人的独有特征。古道尔立即发了封电报，把自己的发现告诉了古人类学家路易斯·利基（Louis Leakey），于是就有了那句著名的回应："现在我们必须重新定义工具，重新定义人类，或者接受黑猩猩作为人类。"

人类学家要重新定义我们物种的特征，一通手忙脚乱之后，他们最终的落脚点是：人类有能力用工具制造工具。灰胡子大卫可能会剥光树枝粘取白蚁，但只有古人类（hominins）（一个统称，指智人以及所有已灭绝的、从猿类分化出来的人类祖先）才有能力发明一种专用于剥光树枝的工具。我采访过的许多考古学家都相信，使用复杂设备规划和解决问题的能力不仅定义了我们的物种，而且在少数情况下塑造了我们的物种。他们认为，人类的发明并不是进化的结果，而是进化历程的解释。至少，在少数案例中，最早的发明家不仅创造了一种新的生活方式或新的经济可能性（这是现代人对现代发明的态度），而且使人类得以进化。

不过，要论发明对人类的重要性，任何其他发明都无法与人类的第一项发明相媲美，而第一项发明早在智人进化之前，就由我们的远古祖先完成了。

谁是第一个发明家呢？

我打算叫她"妈妈"，因为她是个年轻的母亲。而像所有的发明家一样，她遇到了一个问题。

大约 300 万年前，"妈妈"出生了，她属于我们的一个远古祖先物种：南方古猿。她出生在非洲，也许是东非，考古学家在那里发现了密集分布的南方古猿化石，其中包括 1974 年发现的著名的"露西"。300 万年前，刚好是一个中间的时间点，人类从黑猩猩与倭黑猩猩中分化出来，一直发展到现代，大约花费了 600 万年。所以毫不奇怪，在外观和行为上，"妈妈"代表了智人和黑猩猩之间的中间地带。

"妈妈"站立时，差不多有 122 厘米高，体重 59 斤左右，除了脸上无毛，她的身体其他部分都覆盖着厚厚的黑色毛发。"妈妈"吃的肉要比现在的黑猩猩吃的多，但她不是把动物杀死来吃，而是吃已死动物的尸体。除了吃肉，"妈妈"的补充食物有根茎类、块茎类植物，还有坚果和水果。如果以现代的眼光来看，在许多层面上，她都会被误认成一只黑猩猩，一只身心健全、头脑清醒、会直立行走的黑猩猩。唯独有一个事实证明她不是黑猩猩：她会以一种奇特的、富有创造力的方式，灵巧麻利地使用石块。为了从动物尸体上吃到肉，"妈妈"会把石头磨得很锋利，然后用它把尸骨切断，寻找骨髓，这样，她就可以吃其他食腐动物吃不到的肉。

没错，"妈妈"是一只聪明的猿，但在许多非洲"大猫"的眼里，她仍然是一顿午餐。因此，白天的时候，她直立行走，寻找食物，但到了晚上，她会爬回树窝，躲避夜间的捕食者。考古学家曾在洞穴中发现过南方古猿的股骨和臂骨，在其旁边，捕食者的骨架却完好无缺。这是一个清楚但严峻的信号，谁是捕食者，谁是食物，一目了然。

各种各样的捕食者都对"妈妈"有兴趣。她没有火，于是发现自己特别容易被一种食肉动物攻击，这位猎手类似现在的黑豹。事实上，"妈妈"在食物链里的地位非常低，甚至连老鹰都偶尔会捉南方古猿做食物。

她不会生火，也不会控制火，这一点有一个更重要的含义：她生吃食物。

比起熟食，消化系统从生食中能获取的热量更少，并且生食咀嚼起来要困难得多，这就意味着"妈妈"要比现代智人花更多的时间在采集和进食上。看看现代黑猩猩，即使有着巨大的牙齿和强壮的下颌，黑猩猩每天也要花多达 6 小时的时间咀嚼生食，而普通现代人的烹饪饮食，可以让人们在短短 45 分钟之内吃下一天的口粮。"妈妈"吃生食，这意味着她需要很长的时间采集食物，为此，她不得不把一整天的时间都用上，一边找，一边吃，一边还得躲避老鹰和黑豹，她要在树上爬上爬下，在旷野里游走，寻找动物的尸体和水果。

本来她已经够辛苦了，但后来，所有这些事都变得尤为困难："妈妈"10 岁出头时，生下了一个婴儿——一个哭闹不止、不能自立、无法行动的婴儿。

在进化的层面，智人的婴儿是一种奇特的产物。大多数哺乳动物的宝宝出生时，就已经具备了一些能力，他们要会走路、小跑，或者至少是能抱紧他们的母亲。原因显而易见：一个婴儿要是跟不上队伍，他耗费掉的每一天，都会带来生命威胁，无论是对母亲还是对孩子。卷尾猴的宝宝几乎是一生下来就立刻可以抓住母亲的皮毛，而脑容量更大的黑猩猩，母亲则必须抱着新生儿，但也只用抱前两个月。然而，智人的婴儿却在一年多的时间里，几乎完全"无用"：不能行走，连爬都不会，甚至无法支撑自己的体重。虽然这看起来像是一场进化灾难，但这一缺点的反面，是我们最大的优势：超大的大脑。相比其他动物，人类这种脆弱状态的持续时间更长，对此有一种解释：我们的大脑需要这么长的时间，才能生出数万亿个突触连接。在所有灵长类动物中，更大的大脑和更高的新生儿死亡率之间，都曾发生过进化上的权衡，且每个物种都达到了自己的平衡。考古学家提出的问题是：人类是如何达到这种变态程度的？

推测起来，当初古人类刚从黑猩猩种群中分化出来时，人类的新生儿可能很快就会抱紧他们的母亲。但在某个时候，这种情况开始改变。我曾就此问过西雅图太平洋大学（Seattle Pacific University）的生物学家卡拉·沃尔－舍夫勒（Cara Wall-Scheffler）。我问她，最早大概在什么时候，年轻的古人类母亲会因为无助的婴儿而备受折磨以至濒临崩溃？她的回答是，她认为人类开始直立行走的转折，会让母亲和新生儿处于危险的境地，这是大约 300 万年前的事了。

　　沃尔－舍夫勒的推理很简单：直立行走会使婴儿更难抱住母亲。此外，要直立行走臀部就需要比较窄小，如此一来，产道就缩小了，必然的结果是会出现头部更小的婴儿。所以，理想的情况应该是：人类的头部缩小，人类的婴儿变得更有能力。但是，截然相反的事情发生了：人类的头部变大了，而人类的婴儿变得更虚弱无能。直到今天，尽管直立行走，智人的头部与身体的比例在动物界仍是最大的之一。这种怪异现象，生物学家称之为"智慧两足动物悖论"（the smart biped paradox）。

　　进化论对这个悖论的解释是：像"妈妈"这样的古人类母亲，是在妊娠期未满时就诞下了婴儿。从本质上讲，"妈妈"的婴儿早产了两三个月，因为如果到足月，胎儿的头可能会长得太大而超出产道的范围。自"妈妈"以后，这种变化只会越来越明显。如果智人的胎儿要发育到与黑猩猩胎儿同等的阶段才诞生，那智人的孕期将需要持续 20 个月。那样的话，不仅会出现胎儿过大不适合产道的情况，而且孕妇承受的压力也会过大。最终结果是，人类婴儿出生后的前 7 个月，他们就像还处在母亲的子宫里一样——无助，完全依赖于母亲——而婴儿的大脑则每分钟都会增加超过 10 亿个突触。

"妈妈"生下这个无助的婴儿，是一个艰巨的任务，而最大的考验发生在她采集食物的时候。除了我们人类，没有其他现代灵长类动物会共同承担育儿责任，所以"妈妈"不太可能得到孩子父亲的帮助。此外，她甚至也不太可能把孩子放下来，哪怕稍微放那么一会儿，因为野生的灵长类动物从不会把幼崽单独放置，这样做太危险了。如果"妈妈"把宝宝放下去采集食物，那么，她宝宝的反应你能想象得到，他与现在的人类宝宝在类似情况下的反应没多少差别。而最后，当她采集食物回来时，她的孩子可能就已经消失不见了。

越来越多的证据表明，在孩子诞生后，"妈妈"不得不一直抱着他，至少在前六个月必须抱着，而与此同时，除了睡觉的时间，"妈妈"的其余时间基本都花在寻找食物上，如此一来，光是消耗的能量就可能危及生命。

沃尔－舍夫勒进行了一项人类工程学的研究，专门研究像"妈妈"这样的南方古猿母亲面临的必须抱着孩子的问题，她得出结论：这些母亲在抱着孩子的时候，要比平时多消耗 25% 的能量，喂养孩子的代价本来就很大了，这样抱着孩子，更是极大地增加了成本。沃尔－舍夫勒推断，抱孩子实在让人精疲力竭，直立行走的人必须为自己找到一个解决方案。

沃尔－舍夫勒告诉我，"妈妈"的解决方案让人叹为观止，这是一个革命性的、改变物种的想法，这个想法不只是发明了一样东西，而是发明了可以算是史上最重要的工具。

她发明了婴儿背带。

"妈妈"用来做婴儿背带的材料应该是最基础的，也许就是一根藤蔓，绕了一圈，然后打了个结。虽然有人会觉得，打结的技术对像"妈妈"这样的南方古猿来说，过于先进了，但事实上所有的类人猿都会打结，就像沃尔－舍夫勒告诉我的，这似乎"没有超出南方古猿会制作简单绳环的可能性范围"。

因此，"妈妈"的这个婴儿背带，并不是一项技术挑战，而更多的是一种观念上的飞跃。使用一个工具来制造另一个工具，涉及心理学家所称的"工作记忆"，简单来说，它意味着你具有一种能力，能在头脑中储存信息，并能处理信息，然后应用信息。

我们每时每刻都会用到工作记忆，例如，当你在商店购物时，你可能会想象你要做的菜是什么样子，这样你就可以买到必需的配料。或者，如果你正在努力完成一幅拼图，你会想象它的最终结果应该是什么样子，这样你就知道手里的残片该放在哪个位置。给定任务涉及的步骤越多，所需的工作记忆就越多。

显然，构造一个火箭零件，让它与数千个其他组件复杂地相互作用，比购买晚餐要消耗更多的脑力，但原理是相同的。"妈妈"不会制造火箭，但当她的孩子重重地压在她身上时，她就想出了一个潜在的解决方案，这鲜明地展示了一个复杂的心理技巧的早期形式。

"妈妈"做的婴儿背带，对她来说，也许不过是让她的生活稍微轻松了一点，但在进化的层面上，这个婴儿背带的重要性怎么说都不夸张。一个简单的婴儿背带，可以让人类婴儿在无助的状态下度过长得无边的时间。写了《会造东西的猿》（*The Artificial Ape*）一书的考古学家蒂莫西·泰勒（Timothy Taylor）说，这种做法不仅挑战了"智慧两足动物悖论"，而且还将其完全推翻。因为一旦母亲们拥有了婴儿背带，她们就能早早生下孩子，而不必等胎儿完全发育成熟。如此一来，悖论根本就不存在了。因此，婴儿背带不仅减轻了"妈妈"的负担，它还清除了进化对我们大脑能长多大的控制。就这样，婴儿背带改变了我们的进化历程。

听起来太夸张了，然而并不。没有婴儿背带，疲惫不堪的母亲只能把孩子从身上放下来，而这些脆弱无助的古人类婴儿，会被黑豹叼走。根据古道尔的说法，在黑猩猩中，新手妈妈们失去了一半数量的新生幼崽，因为他们没能挂在母亲身上。然而，黑猩猩的幼崽才只需要在母亲身上挂两个月。可以说，两足动物的大脑袋在进化上本来应该是死路一条，而事实并非如此。这得感谢婴儿背带，也得感谢"妈妈"。

当然，如果"妈妈"是当时唯一一个使用婴儿背带的人，如果其他南方古猿母亲对她的发明仅仅只感到疑惑甚至觉得滑稽，那么进化的结果将不存在。她只不过是让自己的生活变得稍微轻松了一点，别无其他。

然而，事情并没有变成那样。

"妈妈"的发明流传开来。据泰勒说，在"妈妈"之后不久，我们的祖先经历了一次大脑快速发育的爆发期。这种戏剧性的增长带来的结果是，母亲们可以更早生下孩子，也就是在胎儿发育全程的更早一些时候就可生产。而如果没有婴儿背带，这是不可能发生的。此外，如果"妈妈"的想法经历了传播，那么这表明南方古猿已经拥有了一项技能的早期形态，这也可能是智人的一项最伟大的技能：模仿。我们这个物种，具有不可思议的模仿能力。

人类学家称这种技能为"社会学习"。研究人员曾对人类新生儿和黑猩猩幼崽进行测试，在各种各样的智力测试中，社会学习是人类新生儿所表现出的最有天赋的技能。根据哈佛大学人类进化生物学教授约瑟夫·亨利希（Joseph Henrich）的说法，智人是一种习惯性模仿的生物。我们互相观察、互相学习、互相模仿。从本质上讲，我们这个物种，都是无耻的知识窃贼。但这是一个特征，不是一个缺陷。

我们谁都没有自己想象中那么聪明，尤其是在生存方面。正如亨利希在其著作《我们成功的秘诀》（*The Secret of Our Success*）中所指出的，历史上有很多关于人类探险家凄惨遭遇的记录，遇到海难、船只失事被困，或是被遗弃在澳大利亚的沙漠中，又或是被抛弃在格陵兰岛的寒带苔原上。而无论哪种情况，迷失在新环境中的探险家要么接受当地人的帮助，要么因自己的无知而饿死。

亨利希认为，我们从中得到的经验教训是，人类的学习、模仿和整合微小创新的能力，使我们具有了不可思议的适应性。如果人类像类人猿一样，在很大程度上忽略了彼此的灵感时刻，那么此时的人类可能和类人猿一样，仍旧停在原来的生态位上。但是，多亏了我们在模仿方面的卓越表现，人类才变得和类人猿不同。每个个体的每一个小小的进步，都会被群体注意到，并被学习和采纳。在动物王国中，人类就是技术方面的棘轮机器。通过微小创新和集体模仿，我们不断进步。

"妈妈"发明婴儿背带的时候，人类似乎已经拥有了如此伟大的模仿能力，因为她的南方古猿同胞们并没有忽视或嘲笑她的奇特装置，相反，他们做了人类最擅长的事：他们仿制了"妈妈"的婴儿背带。

婴儿背带的广泛使用，不仅人为地缩短了妊娠期，还消除了大脑增长潜力的上限，不仅如此，它还加强了母亲与孩子的联系。背带把母亲和孩子绑在一起，他们的身体相互接触，还可以长时间地互相看着对方。虽然"妈妈"不会说完整的语言，但几乎可以肯定的是，就像黑猩猩一样，她也能在一个简单的层面上跟同类交流。

古道尔记录了黑猩猩母亲和其幼崽之间的交流。当一个幼崽想爬到母亲身上时，或者当母亲想让幼崽们爬到自己身上时，他们发出的信号主要是"呼呼呼"的声音。虽然这和人类母亲与新生儿之间的咿咿呀呀完全不同，但母亲对新生儿发出的越来越多的"呼呼呼"声，极可能是某种更复杂事件的前兆。"妈妈语"（Motherese），是一种文化上的普遍现象，即母亲与婴儿说话时的旋律方式，也被称为"儿语"（baby talk），例如，"你真是个好女孩"①。所有的人类母亲，尽管说的语言各不相同，但她们对婴儿说话时，都会采用相同的"高—低—高"的节奏。在人类学家眼里，这种表现、这种交流方式是从人类遥远的往昔延伸而来的。一些语言学家甚至认为，儿语是原始语言的回声，原始语言

---

① Aren't You a Good Girl. 主要是突出重音、节奏与平常说话语气不同。——译者注
（本书中如无特殊说明，均为译者注）

早在语言进化之前就形成了。因此，当"妈妈"系好第一个婴儿背带，整天整天地看着婴儿的眼睛时，她可能在无意中增强了自己和孩子之间的联系，并且永远增强了人类母亲与孩子之间的重要联系。

这种联系可能导致语言的产生、社会化程度的提高，也可能导向更高的智力，以及更复杂的发明，但所有这些发展都需要数千年的时间。"妈妈"可能减轻了她的负担，提高了孩子存活的可能性，但没有证据表明"妈妈"或任何其他南方古猿发展了这些更复杂的社会关系，也没有证据表明他们受到了尊敬或缅怀，即使是从自己的后人那里。因此，"妈妈"，这个世界上的第一位发明家，在离开这个世界时，无人颂扬，甚至无人埋葬她的尸体。她的孩子可能仅仅只是把她的尸体搬到了远处。

02

谁发现了火?

这发生在 190 万年前,那时人类尚未进化。

1891 年至 1892 年,在印度尼西亚爪哇岛,一个荷兰内科医生欧仁·杜布瓦(Eugène Dubois)(后来他成了古人类学家)发现了一些东西:一根大腿骨、一颗臼齿和一块头盖骨。这些骸骨属于某个神秘的远古时期的个体,它具有和人类相近的形体。杜布瓦最终将骸骨所属的神秘个体命名为"爪哇人",并提出了一个著名的论点:爪哇人是人类和猿类之间的"缺环"。

对此,学术界却表现出了远低于期望值的热情。学者们不假思索地否定了杜布瓦的理论,并开始了激烈辩论,辩论的主题是:如何嘲笑杜布瓦才合适。博物学家理查德·莱德克(Richard Lydekker)写道,那个头骨很可能是一个畸形的人的头骨,而德国解剖学家威廉·克劳斯(Wilhelm Krause)则宣称,杜布瓦确实取得了重大发现——他发现了一种新的长臂猿物种。

直到 1921 年，考古学家约翰·安特生（Johan Andersson）和沃尔特·葛兰阶（Walter Granger）在北京郊外的一个洞穴群中，发现了另外 40 具与爪哇人几乎完全相同的骸骨，科学界这才开始正视杜布瓦的发现：它令人难以置信地、出色地证实了查尔斯·达尔文的人类进化论。

生物学家将这一新物种称为"直立人"（站直的人），一度认为它确实是那个"缺环"，那个唯一将智人与类人猿联系起来的物种。但又过了 40 年，玛丽·利基和路易斯·利基夫妇在东非发现了另外一些证据，它们属于一种比直立人更古老的灵长类动物，利基夫妇称之为"能人"（干活的人），因为他们在附近发现了各种用岩石打造的工具。于是，问题又变了：直立人与能人有什么联系？

起初，学者们不大看得出二者的联系，他们之间的联系很模糊，甚至貌似根本没有联系，因为这两个物种的差异太大：爪哇人会打猎，席地而睡，几乎没有体毛，脑壳大得多，下巴小得多，胸部小得惊人；相反，能人吃腐肉，白天在地上行走，晚上则睡在树窝里，浑身是毛。因此，许多生物学家更愿意把能人从人属中完全除掉，而直立人与人如此相像，以至于莱德克误认为它就是人。

然而，从能人到直立人的进化时间非常短，许多科学家开始质疑，能人是否确实能在如此短的时间内进化成直立人。

如此急速的转变该如何解释呢？哈佛大学灵长类动物学家理查德·兰厄姆（Richard Wrangham）说，从能人到直立人的整个形态学变化，都是因为他们中有人学会了一个技能：控制火。这项技能很简单，但具有深远的影响，足以改变一个物种。

尽管有诸多差异，但能人和直立人有一个共同点：他们都会用石头制作锋利的切割工具。他们制作石器，无疑是原始的人类实践活动，代表了有史以来最古老的制造工艺，然而，它直接导致刀、箭头的产生，甚至最终导致土星5号运载火箭的飞升。但是，它也导向了影响更为深远、意义更为非凡的发现：火。

查尔斯·达尔文称，除了语言，会运用火是人类历史上最伟大的发现，没有之一，如果有，那绝对是低估了火对人类的重要性。不是人类控制了火，而是火造就了人类。火并不仅仅是让人们的生活变得容易了，它显著地塑造了我们，使人成为现在的人。而火造就人类的主要途径，却是一件很戏剧性的事：烹饪。

从最基本的层面来说，加热食物的做法免除了人类咀嚼食物的辛苦，也免除了人类消化食物的辛苦。热量不仅能软化食物，还能分解食物的化学键，这听起来像是微不足道的小事，其实不然。食物中的肌肉、脂肪、筋腱和纤维素越小越软（也就是它们的化学键被破坏得越多），肠道能吸收的能量就越多。相关研究结果显示，无论素菜还是荤菜，在烹调之后，其能提供的能量比生吃要多25%到50%。

会控制火带来了一个结果：人体开始摄入大量的热量。从那时起，我们的身体就开始适应这种变化，当然，在很久之前，我们就已经适应了。智人进化到吃熟食，就像长颈鹿进化成吃最高处的叶子一样。于是，现在的我们，下颌太弱，牙齿太小，胃太小，肠子太短，大脑需要的热量过多，如果再把我们抛回一个没有火的世界，那我们肯定会迅速灭绝。如果让现代智人吃野生的、未经加工的生食，没有人能挺得过几周，我们尚未发现在这种情况下存活下来的人。可以说，如果没有熟食，我们的物种将面临灭绝的危险。

与能人相比，直立人在行为和生理层面上都发生了巨大的变化，但是，不是这些变化让人类学会控制火，而是会控制火才引起了这些变化。加热食物的做法，引起了人类骨架的变化，其影响之大是空前的，没有任何已有的发明、发现或思想能超越，甚至从今往后也没有。而与语言的发展不同，人类对火的控制并不是一种进化，而是一种发现。

那么，这个发现者是谁呢？

我打算叫她玛蒂娜（Martine），这个名字来自17世纪法国地质学家玛蒂娜·贝尔泰罗（Martine Bertereau）。之所以取这个名字，有两方面的原因：一是因为控制火主要是一个地质领域内的发现，二是因为玛蒂娜·贝尔泰罗曾因被怀疑使用巫术而遭到迫害，这让我联想起我们的玛蒂娜，她在第一次打着火之后，几乎也肯定面临着同样的风险。

玛蒂娜是能人，大约190万年前，她出生于东非。她出生的时间，要比解剖学意义上现代人出现的时间早很多很多。她站立时，大约高122厘米，体重64斤左右，脑袋大约有现代智人的40%大。她的额头略向颌骨倾斜，下巴向前突出，以容纳一副更大的牙齿，它们的咬合力比智人强得多。她的骨骼表明，她在人类从树上生活过渡到直立行走的过程中，处于一个令人好奇的中间点。她的腿部和臀部已经非常适宜行走，但她的手臂更长，肩膀结构也保留了适应攀爬的性能。考古学家认为，玛蒂娜大部分时候是在直立行走，整天在非洲大草原上寻找坚果、浆果和腐尸。但她仍旧睡在树上，很可能是为了躲避夜间的捕食者。

玛蒂娜处于食物链的中间部分，因为考古学家经常在能人的骨骼化石上发现爪痕和咬痕。她还无法像直立人一样狩猎，因为她的体能不够。她的腿太短，跟腱也太短，无法像直立人一样大步大步地行走。此外，她身上长满了毛，长距离奔走很快就会让她的身体过热。

她肯定吃肉，但很可能仍是吃腐肉，或是意外地杀死了一只动物从而有肉吃，就像今天的黑猩猩一样。玛蒂娜与直立人不同，直立人已经具有足够的耐力，会长时间狩猎，但玛蒂娜仍旧以采集食物和吃腐肉为生。这是有证据的，证据一方面来自她的骨骼结构，另一方面来自对一种叫带绦虫的现代寄生虫的 DNA 分析。分析显示，这种寄生虫起源于鬣狗，但大约在 200 万年前，也就是玛蒂娜生活的那段时间，它被传染给了我们的祖先，可能是有一只携带寄生虫的鬣狗吃了一只羚羊尸体，而一个不幸的人接着又去吃鬣狗吃剩的羚羊肉。

动物王国里，食腐动物通常都拥有锋利得可以撕裂肉的牙齿、喙或爪子，没有这些，就很难吃到腐肉。玛蒂娜自然没有这些，所以她只好借用锋利的石片。这似乎称不上一个伟大的智力壮举，但正如斯坦福大学考古学教授约翰·瑞克（John Rick）告诉我的，玛蒂娜必须确切地知道如何破开石头，往哪里砸，怎样砸，以及如何拿稳。把石头削磨成你想要的样子，比人们想象的要困难得多，如果不先看看别人的做法，我怀疑很多人根本搞不清楚。

在削磨石刀时，玛蒂娜展示了一项技能，这项技能对生火来说更为重要，也是一个好的石器制造者必备的：区分不同类型的石头。她会选择一块坚硬但易碎的岩石，如燧石或黑曜石，然后用一块结实的河石来敲打，最后做成石刀。

兰厄姆写道，随着时间的推移，在削磨了成千上万块石器之后，像玛蒂娜一样的能人一定会在制作石器时偶然生起火，这本身并不是什么重大突破。

对非洲大草原上的黑猩猩来说，火是一种常见的现象，因此，玛蒂娜肯定早就知道火有多大的破坏性，也知道它在什么范围内有用。塞内加尔的黑猩猩，就以寻找火的能力而闻名。它们的栖息地周围经常发生野火，但它们总能成功地避开危险。它们能够预测野火燃烧的路径，有时甚至会着意寻找，以便在烧焦的草原上寻找被烧熟的食物。说到底，所有的哺乳动物，包括黑猩猩在内，都更喜欢吃熟食。

对熟食的偏爱是本能的。烤土豆比生土豆好吃，因为自然选择使我们的味蕾偏爱可以提供更多热量的食物。烤熟的土豆，其本身的热量并没有增加，但人类的肠子从中吸收的热量却会增加，因此我们更喜欢吃熟土豆，而不是吃生土豆。

这也不仅仅适用于智人。每种哺乳动物的消化系统都能从熟食中吸收更多的热量，这就解释了为什么不仅人类喜欢熟土豆，如果有机会，黑猩猩，甚至老鼠都更喜欢熟土豆。一些学者认为，一部分狼曾在人类早期的垃圾坑里寻找熟食的残渣来填饱肚子，而家养的狗就是由这些狼进化而来。最终，它们的消化系统，就像我们的一样，围绕着这种新的饮食方式进化。这种对熟食的普遍偏好表明，早期人类会像黑猩猩一样寻找野火，也许还趁机储存了一些火种。

但是，偶然得来的火并不会永远燃烧，而从东非迁徙到印度尼西亚的直立人已然拥有了需要熟食的肠道结构。这表明，他们不仅储存了火，而且知道在原来的火遭遇不可抗力而熄灭时如何点燃新的火。也就是说，一定有人学会了控制火。

玛蒂娜的天才之举，绝不是在某一个时刻打着了火。虽然打着了火也可能是不同寻常的事件，但并非一次独特的事件。相反，她的天才之处在于她的洞察力，她产生了思考，为什么同样是撞击岩石，但只有少数时候才能打出火花，大多数情况下并没有火花？这个问题的答案涉及地质学。通过削磨石头来点火，要么很简单，要么不可能，这取决于你选择哪种石头。其中的关键因素是黄铁矿。

黄铁矿是一种硫化铁，它以不同的形式存在。它有时被称为愚人金（fool's gold），因为看上去与黄金别无二致。愚人金生火的作用不佳，但有次我试着削磨白铁矿（一种特殊的黄铁矿）时，几分钟不到，我就点燃了火。

关于古人类的考古记录有多久，古人类用黄铁矿点火的历史就有多长。那位5000多岁的冰人奥兹，他的背包里就有一套点火工具，包括黄铁矿片、燧石和用于引火的真菌。在比利时，考古学家发现了一个有着13000年历史的黄铁矿块，上面被人凿出了凹槽，显然是用来点火的。2018年，莱顿大学考古学家安德鲁·索伦森（Andrew Sorensen）在5万年前的尼安德特人使用的斧头柄上发现了黄铁矿残留物，这表明尼安德特人会用黄铁矿来敲击他们的石具，从而点燃火。

黄铁矿在世界各地都很常见，东非也不例外。现在的埃塞俄比亚北部，有一处矿地，出产黄铁矿、金矿和银矿，距离矿地仅640公里处，就是肯尼亚的库彼福勒，一些最古老的直立人骨架就发现于那里。在打火的过程中，黄铁矿（或现代的钢）是不可或缺的。其他的石头根本不起作用，因为它们缺少一种必需成分：未暴露的铁。

铁暴露在氧气中时，会燃烧。在质量非常大的情况下，燃烧的过程相当缓慢，表现为我们常见的锈迹。但如果是小体积、高比表面积的碎片，黄铁矿中的铁就会急速氧化，产生的热量足以点燃火种。

白铁矿颜色深暗，硬度高，性脆，很容易与河石混淆。不过，一旦它裂开，里面未暴露的硫化铁就会像金子一样发光。如果玛蒂娜碰巧是在白铁矿石上磨她的燧石或黑曜石工具，那么，地上肯定就撒落了一层粉末，里面含有未暴露的铁。而如果她再用工具去砍干草，她可能就在完全偶然的情况下引燃了火。如果不是因为这种情况还算常见，这将无疑是一个令人震惊的事件。事实上，石器的数量之多，说明这种情况几乎不可避免会发生。但是，玛蒂娜观察到了，那种颜色深暗、又硬又脆，还会闪闪发光的石头，是引燃火的关键所在，而这无疑是人类历史上最重要的观察。

对一个大脑还不到我们大脑一半大小的原始人来说，上述地质学性质的洞见似乎超出了她的智力范围，但玛蒂娜确实早已会区分石头，选择不同的石头来制作工具。另外，生火、保留火种，以及至关重要的是，意识到这一切为何会发生，这似乎也超出了我们这个远祖的能力。但是，2005年，灵长类动物学家苏·萨维奇－朗博（Sue Savage-Rumbaugh）做了个实验，实验的对象是一只受过训练的雄性倭黑猩猩坎兹（Kanzi），她提供给坎兹的东西只有火柴和一粒棉花糖，结果发现，坎兹会收集引火物，点燃火，然后烤它的棉花糖。而与坎兹的大脑相比，玛蒂娜的大脑体积要大一倍。

火几乎改变了人类生存的每个方面。在非洲的大型捕食者面前，即使是现代的狩猎采集者，也不敢不生火就席地而睡，那样过于危险。然而，来自骨骼的证据非常明确：直立人是睡在地上的。如果不是因为火，就很难解释他们如何做到这一点。因为有了火，玛蒂娜离开了树窝，睡在地上的火堆旁。其结果是，古人类渐渐失去了爬树的适应力。

在火堆旁睡觉也让毛发丧失了其夜间保暖的主要作用。摆脱了身上厚厚的毛发，那些有着更细小毛发的古人类（人类和黑猩猩的每平方厘米皮肤上的毛囊数量相同，只是人类的毛发更细），比起那些全身是毛的同类，狩猎的效率要更高。追赶动物之后，直立人的身体散热速度比其他动物更快，而如果晚上感觉到冷，他们只需要睡得离火堆更近一点就行。

围坐在火堆旁，人们也变得更友好了。没人知道玛蒂娜和她的同伴们能够在多大程度上进行交流，但不管他们交流的能力到底如何，几乎可以肯定的是，火加强了他们的交流能力。为了享受温暖，吃到熟食，人们紧紧地围坐在篝火旁，这就迫使玛蒂娜和她的群体合作。如果有人行为暴力、不合作或情绪不稳定，这个人就可能面临被禁止靠近火堆的风险，而禁止一个人靠近火，基本上等同于对其判处死刑。渐渐地，可信赖性和可预测性产生了生存价值，那些能够更好地处理"篝火社会关系"的大脑，得到了进化的偏爱。从本质上讲，火的使用，筛选出了那些拥有更大更好大脑的个体，促进了他们的进化。

　　大的大脑消耗起热量来，可不是一般的"昂贵"，毕竟人类大脑需要消耗 20% 的身体能量，但是，在这个方面，火也起了作用。一方面，因为火，玛蒂娜从食物中获取的热量增加了；另一方面，吃熟食，就不再需要强壮的下巴、巨大的胃和长长的肠子，故而火最终引起了身体资源的彻底重新分配。

　　古人类学家莱斯利·艾洛（Leslie Aiello）和彼得·惠勒（Peter Wheeler）在"高耗能组织假说"（The Expensive-Tissue Hypothesis）中指出，直立人的大脑较先前的古人类增大了 30%，而为了这增大了 30% 的大脑，直立人付出的一部分代价是，去除了消化系统中的一些部位，那些部位原本强健有力，现在却纯属多余。这些根本性的变化，如果不是因为人类完全过渡到了吃熟食的阶段，很难解释其原因。

　　然后，还有烹饪所节省的时间。表面上看起来，这是个矛盾的问题，烹饪似乎并不是在节省时间，但事实上，咀嚼无法有效提供热量的生食需要的时间远远超过烹饪需要的时间。我们已经知道，黑猩猩花在进食上的时间是现代人类的 6 倍多，这是个显著的差异，其原因归结于两点，一是生食太难咀嚼，二是每一口生食所能提供的热量都比熟食少。由于直立人的体形比现代黑猩猩大，艾洛和惠勒估计，如果直立人吃生食的话，要维持他们的体重，他们每天花在进食上的时间少说要 8 小时。但通过烹饪食物，直立人每天为自己节约了几小时的时间，而证据表明，这些多出来的时间，他们用来寻找更有价值的食物。

　　烹饪引起了许多结果，其中之一是直立人打猎的时间显著增加。根据兰厄姆的说法，黑猩猩只有在偶然的机会下，才会杀死动物吃肉，它们从未有意识地进行狩猎，因为如果狩猎失败，它们很可能就会饿死。玛蒂娜的情况可能也是如此，她经常是猎物，而不是猎人。

但是，直立人已经会打猎了。直立人遗址通常都有零零散散的骨头，是他们吃饭剩下的。而根据兰厄姆的说法，直立人之所以能去打猎，是因为即使晚上空手而归，他们也能迅速吃上一顿煮熟的晚餐。

当然，玛蒂娜根本不会意识到这些进化层面上的好处，因为这些都是数万年后的事情了。玛蒂娜终其一生过的只是能人的生活，不过，考虑到她的饭菜更为丰盛，也许她的生活比其他人更快乐、更丰富。依靠着自己的火，她得以吃饱，并躲避危险，甚至可能活到了很大年纪才死去，这在当时是罕见的。

你可能会认为，当玛蒂娜去世时，她所在的群体授予了她至高的荣誉，来纪念这位发现者。或许，用更为合适的纪念方法：将她的遗体火化。遗憾的是，能人们并没有向死者致敬。于是，玛蒂娜，这位有史以来最伟大的人，所得到的唯一可能的告别仪式，就是同伴们把她的遗体拖到了远处，以免食腐动物被吸引到篝火旁。

03

谁是第一个吃牡蛎的人？

该事件以及后面的事件，都发生在人类进化之后。如果将人类在地球上的历史比作一天，这件事就发生在上午 10 点 53 分（16.4 万年前）。

2007 年夏天，亚利桑那州立大学的柯蒂斯·马利安（Curtis Marean）带着一个考古小组，在南非南部海角的一个洞穴群中，发现了一些化石。化石证据显示，16.4 万年前，一群智人曾在此处扎营生活。考古学家小组在洞穴里发现了远古篝火的炭渣、石器、红色颜料，还有一些极为重要的东西：被剥下的牡蛎壳。这是一个最古老的证据，说明有人壮着胆子吃了黏糊糊的牡蛎。但在马利安看来，这些牡蛎壳的意义不仅仅是一次味觉的冒险，他认为，这些带壳的动物是给一位科学家的奖赏，这位生活在 10 多万年前的科学家，因其进行的一项困难重重又鲜为人知的天文观测，而获得了这些食物。

这位科学界的英雄，这个天不怕地不怕、敢于尝试牡蛎的烹饪鬼才，是谁呢？

她的名字叫"牡蛎姑娘"（Oyster Gal）——至少我这么叫她。这个名字并不像听起来那么牵强，甚至可能就是她真实名字的简略翻译。整个历史上，命名习惯通常是描述性的（如约翰逊、史密斯、贝克等[①]），而不是一组随机的、悦耳的声音。设想一下，人类有史以来，第一次有人在水坑里拾到一块岩石般的物体，并把它破开，吃掉了里面灰白色、黏糊糊的东西，那么，其他人会怎么称呼这个人呢？如果牡蛎姑娘的名字真的有意义的话，她还会被别人怎么称呼呢？

乔纳森·斯威夫特曾有一句名言："他是个大胆的人，第一个吃牡蛎的人。"斯威夫特可能是对的，把一片灰白的牡蛎肉放进嘴里，确实是一个大胆的举动，但另一方面，他可能错了。证据表明，最初尝试牡蛎的不是一个大胆的男人，而是一个大胆的女人。

根据现代人类学家的研究，每一个狩猎采集部落中，在获取食物的行为上，都存在着性别差异。不管获取食物的主要任务是由狩猎者还是采集者承担，分工都非常严格：女性通常会采集更易获得的食物，如坚果、浆果、根茎和贝类，而男性通常会追逐奔跑、飞行或游走的食物。即使在澳大利亚北部的热带岛屿上，那里有充足的可供采集的食物，但男人们几乎不干采集的事。而在南美洲最南端的火地岛，生活在那里的人所需的大部分热量来自捕猎大型海洋哺乳动物，但那里的女人并不捕猎。

上述狩猎者和采集者的性别差异，在人类学界并没有达成一致的解

---

① 这三个名字的意思分别是：Johnson（约翰的儿子）、Smith（工匠）、Baker（面包师）。

释。不过，也有一些理论。理查德·兰厄姆将问题归结于火的控制，尤其是做饭所需的时间。黑猩猩吃食物时总是用尽可能快的速度，以免食物被更大的同类偷走。假设古人类的行为与黑猩猩类似，那么除了群体中最强壮的那个人，别的人都不可能被派去做饭。据此，兰厄姆推测，为了做饭，女性被迫参与一种类似黑手党的保护性勾当：一些强壮的男性，一起保证一个较为弱小的女性能够安全做饭，借此换取一些食物。而对男性来说，自己今天的晚餐有了着落，他们就可以自由地去追逐更高价值的食物，而不用担心如果捕猎失败自己要挨饿。这只是一个假说，而且几乎无法证实，但它可以解释智人群体中两性获取食物时的合作关系，这种奇怪的关系在其他灵长类动物中都没有发现过。它也能解释狩猎采集者内部严格的性别分工，为什么像牡蛎这样的食物更可能是女性的收获物，以及，为什么吃掉第一只牡蛎的人更可能是女性。

牡蛎姑娘是一个智人，这意味着，如果今天在公共汽车上，她走过来要挨着你坐下，你不会立即吓得跳起来。她的个子、身体、脸和头发看起来都很常见。她的头颅、下颌、牙齿、骨盆、脚和手都和我们一样大。以现代的标准看，她会矮一些，但她的姿势和步态和现代人完全相同。她的皮肤无毛，肤色很深，进化成这样是为了更好地抵御非洲强烈的太阳光。她的头发是黑色的，短而卷曲。

不过，她的穿着会有点不寻常。她很可能几乎什么都没穿，或者穿着对我们来说根本不能叫衣服的东西。牡蛎姑娘生活的时代，人们还不知道缝纫。骨针的出现都是很多年后的事情了。现在的研究人员认为，在整个进化历程中，人类开始穿衣服和鞋子的时间非常晚，已经到了进化历程的最后阶段。人类学家埃里克·特林考斯（Erik Trinkaus）曾研究过古代智人的趾骨，据他说，牡蛎姑娘的脚趾比你的或我的脚趾要强壮得多，很可能是因为她走路时没有鞋子支撑。特林考斯认为，在结实的鞋子的限制下，智人的趾骨萎缩了，这解释了古代人脚趾大小的显著差异。根据特林考斯的说法，"现代"脚趾一直到和骨针差不多的时间才出现，这表明，智人发明鞋子的时间，是在牡蛎姑娘生活的时代很久很久之后了。

　　牡蛎姑娘已经成年了，她很可能已经做了母亲，虽然孩子可能并不多。人类学家理查德·博沙伊·李（Richard Borshay Lee）对生活在非洲卡拉哈里沙漠（Kalahari Desert）的狩猎采集部落"昆桑人"进行了研究。他发现，昆桑人妇女生孩子的间隔至少要 4 年，然而，她们并不采取任何像样的避孕措施。昆桑人妇女如何能在不避孕的情况下长时间不孕，原因尚不清楚。对此，罗丝·弗里希（Rose Frisch）和珍妮特·麦克阿瑟（Janet McArthur）提出了一个假说。他们认为，昆桑人妇女即使在身体健康的情况下，也没有足够的身体脂肪来支撑她们同时进行哺乳和行经。根据这一理论，哺乳可能是牡蛎姑娘天然的节育方式。

　　如果她有一个年幼的孩子，那么她会和他交流，她也会和自己的同龄人交流，但能交流到什么程度则是考古学家需要争论的问题。斯坦福大学人类学教授、《人类文化的曙光》（*The Dawn of human Culture*）一书的作者理查德·克莱恩（Richard Klein）告诉我，牡蛎姑娘那个时代的智人，可能没有现代语言，因为他们的营地缺乏先进的文化或技术。

克莱恩将现代语言的起源追溯到大约 4.5 万年前，距离牡蛎姑娘生活的时期已经很久很久了。智人营地里的文物显示，他们的文化制品在这一时期爆炸性增加。这一时代的遗址展示了现代行为的明确证据，如艺术、音乐和对超自然现象的信仰。

与克莱恩不同，马利安则认为，牡蛎姑娘也会做梦，会开怀大笑，会进行充分而流畅的沟通。他在写给我的信中说："这一时期智人所说的语言，和我们的语言一样丰富。"他也给我提供了证据，他在南非平纳克尔角地区（Pinnacle Point）的洞穴里，发现了绘制在贝壳上的图案，并有天然绘画颜料，两者都是象征思维的表现。当考古学家确认一种古老文化是否具备认知现代性时，他们需要的就是这类例证。马利安还认为，牡蛎姑娘制作的许多工具非常复杂，如果没有语言，制作这些工具的技术是不可能传授和传承的。

直到前不久，马利安的观点还不是主流，大多数考古学家都认同克莱恩的观点。他们认为，牡蛎姑娘和她的同时代人在某些重要的认知方式上与现代智人不同。现在，平纳克尔角洞穴的文物，以及其他远古时期的象征性质的例证，让学者们在一些问题上产生了更大的分歧：牡蛎姑娘如何看待她生活的世界？她开口讲话时发生了什么？对此大家莫衷一是。

她当然可以交流，但能交流到什么程度，仍然是一个争论中的学术问题。不过，毋庸置疑的是，她和她的族人的确缺乏后来智人那样的重大技术创新。例如，没有证据显示她使用过钓竿、渔网或船只，这也解释了为什么在沿海很少能找到牡蛎姑娘时代的智人营地。对牡蛎姑娘来说，海洋就是食物沙漠，生活在海滩上等于把她的觅食区域减少了一半，没有任何必要。在马利安看来，这正好解释了一个问题：为何比牡蛎姑娘更早的人类，没有留下吃海洋生物的证据，也找不到剥落的贝壳之类的迹象。根据马利安的说法，其中一个关键原因是：潮汐。牡蛎这种生物，只有在潮水退至最低点时才会显露，这意味着95%的时间里，它们都远在人类的采集范围之外。故此，采集牡蛎的机会本就很少，又无法预测，这解释了为什么早期人类没有采集过牡蛎。正如马利安所说："狩猎采集者从不把生存系统建立在他们无法规划或无法理解的采集方法上。"

然而，平纳克尔角洞穴里面有厚厚的牡蛎壳沉积物。显然，牡蛎已经成为日常饮食的主要组成部分，这也许是因为牡蛎姑娘发现了能够预示牡蛎出现的特定迹象。

当牡蛎姑娘吃了第一只牡蛎后，她很可能冒险去海里寻找其他的东西，也许是一只沉睡的海龟，或者龟蛋，也许是一头搁浅的鲸，或者正在休息的海狮。考古学家在这些洞穴出土的文物中，发现了一种藤壶，叫作桶冠鲸藤壶（Coronula diadema），它只生活在座头鲸的皮肤上。在距离海洋5公里远的洞穴中出现了桶冠鲸藤壶，不得不叫人满腹疑惑。就在这些探险中，终于有一次，牡蛎姑娘偶然来到了一个潮水极低的地方，发现几个牡蛎明晃晃地躺在那里。然后，她弄开一个，壮着胆尝了尝它的肉。

我充分尊重乔纳森·斯威夫特，但恕我直言，这或许并没有看上去那么勇敢。

其他一些动物，包括现代狒狒，都吃牡蛎。倘若牡蛎姑娘当时观察到了其他动物也吃牡蛎，她肯定会对牡蛎的可食性有一点信心。但是，狒狒也吃花和树皮，像牡蛎姑娘这种有经验的采集者，在效仿其他动物的饮食习惯时，会相当谨慎，毕竟这是个时常会以失败告终的实验。举个例子，如果她看到一只兔子从颠茄植株上吃了几粒浆果，就也去摘那浆果吃，吃浆果的那天就将是她的忌日。

面对黏糊糊、皱巴巴的牡蛎，牡蛎姑娘肯定会很谨慎，这是必然的行为。然而，如果她看到有其他动物吃牡蛎，或许她就能增加一些勇气；如果她会将牡蛎做熟，那本可以给她增加更多的勇气，因为熟食比生食更安全。但是，饮食上的大胆之举并不是牡蛎姑娘的天才之处。根据平纳克尔角洞穴中牡蛎壳的数量，马利安相信，牡蛎姑娘已经知道该何时出海。

换句话说，她学会了预测潮汐。

在非洲海岸南端，每个月都有几天会出现极低潮，每次持续几小时。但是，极低潮不仅罕见，而且易变。在一个月中，低潮和高潮的水位不一样，时间也不同。起初，低潮和高潮的潮差很小，时间也差不多，但后面这种差别会变得巨大。为什么会有这样的变化，这是古人类在数百万年间也未解开的谜。他们未能解释这一谜团的原因不难理解，因为破解潮汐规律的方法在一个难以置信的、看似毫不相关的地方：夜空。

潮汐主要是由太阳和月球的引力引起的。当太阳、月球和地球基本处于一条直线上时（无论太阳和月球在地球的同一侧还是在地球的两侧），就会引起大潮，海面涨落的幅度非常大。幸运的是，牡蛎姑娘发现，这貌似随机的事件是有迹可循的，它们发生的标志是天空出现满月或新月。这意味着牡蛎姑娘不仅仅是一个冒险的吃货，她还是个观星者。

海洋运动与夜空中那个神秘、巨大、形状多变的白色物体有关，且二者的联系难以置信、如此微妙，至今仍有很多人根本察觉不到。然而，牡蛎姑娘做到了，这一发现可能已经让她成为世界上第一位实用主义的天文学家。一旦她能够预测潮汐，她就可以信心满满地安排出海航行，而来自洞穴的证据表明，牡蛎成了她依赖的食物之一。

假设，牡蛎姑娘因发现了月球与潮汐的联系而受到赞誉，那么她享受赞誉的时间并没有多长。根据精密计算，在远古时期，一个20多岁的女性，已经快走到生命的尽头了。中央密歇根大学（Central Michigan University）的人类学家雷切尔·卡斯帕里（Rachel Caspari）进行了一项分析牙齿磨损的研究，结果显示，牡蛎姑娘同时期的智人，在童年时期幸存下来的人里，有三分之二的人在20多岁时就去世了，只有极少数人活过了35岁。尽管无法确切地知道是什么导致牡蛎姑娘的死亡，但我们可以比较确定那些不会导致她死亡的原因。当今人类的几乎所有的主要死亡原因，在史前都是未知的，这些主要死亡原因要不就是老年疾病（如癌症、心脏病、中风），要不就是群体性疾病（如霍乱、伤寒和流感），而在牡蛎姑娘的时代，这两种情况都不存在。

牡蛎姑娘的死因更可能是分娩、疟疾、事故、凶杀或细菌感染。她可能是在觅食时遭到了食肉动物的袭击，或者，也许她在味觉上的冒险最终让她付出了生命的代价。

她死后，可能是被族人埋葬的。但是，埋葬的行为究竟是为了纪念她，还是仅仅为了阻止食腐动物吃掉她的尸体，再次成为学者们争论的话题。牡蛎姑娘并不是最早被埋葬的人，考古学家们已经发现了时间更早的骸骨，他们死后也是被埋葬的。但是，在牡蛎姑娘和之前死者的坟墓中，并没有任何地方显示出对死者的关怀，没有陪葬品，也没有其他表示关怀的标志，而以放置陪葬品为代表的对死者表示关怀的做法，最终成了所有人类文化中的普遍存在。

考古证据显示，第一个具有仪式的葬礼，出现在以色列。在一座坟墓里，考古学家们发现了一具男性骸骨，他的胸部位置有野猪的下颌骨。这具男性骸骨的年代比牡蛎姑娘晚了 6 万年。因此，牡蛎姑娘，这位史前的科学家，帮助解决了当时最大的难题之一的天才，在下葬时是否有人为她举行悼念仪式，我们很难说清楚。如果当时真有葬礼，希望她的胸前被放上一个牡蛎壳。如果这个牡蛎壳是弯弯的新月形状，那就完美了。

04

谁发明了衣服?

如果将人类在地球上的历史比作一天,
这件事就发生在下午 2 点 34 分 (10.7 万年前)。

当初,我们的古人类祖先刚从黑猩猩和倭黑猩猩分支中分化出来时,他们只携带了一种寄生生物:头虱。头虱会吸血,依附皮毛生存,它在人类身上存了至少 600 万年,直到今天还生活在我们的毛发里。但是,头虱并不是我们携带的唯一一种虱子。在过去的 600 万年里,我们又"引进"了两种吸血寄生虫:阴虱和体虱。

人类染上阴虱的时间,大约是在 300 万年前,我们的某个祖先,和大猩猩共享了睡眠空间(虽然可能不是同时)。再晚一些时间,体虱出现了,它们不攀附在头发上,而是依附在衣服里。其结果是,当今人类"喂养"的虱子种类是其他灵长类动物的 3 倍。

然而,我们进化的大书中,如此邋遢、肮脏的一章,也仍有一些光彩。多亏了这些寄生虫,生物学家们才得以回答一个看似无解的问题:

我们何时、何地、为何开始穿衣服?

衣服是由有机材料制成的,这意味着与石头或骨头不同,它不会留下化石证据。因此,它的起源一直是一个悬而未决的问题。直到最近,许多考古学家依旧相信,人类是在发明了衣服之后,才丢掉了身体的体毛,因为衣服让覆盖在古人类身上的厚厚体毛成为非必需品。从某种意义上说,衣服是移动式的体毛,因此,学者们认为,在某个时间点上,古人类对保暖的需求进行了升级,从永恒保暖升级到了按需取暖。听起来合情合理,但遗传学家最近发现,这个理论错得离谱。2002 年,佛罗里达自然历史博物馆的哺乳动物馆馆长大卫·里德(David Reed)进行了一项研究,他分析了普通头虱和体虱的 DNA,发现它们并不是同时分化的,也没有共同的原种。相反,体虱直接从头虱进化而来。里德推测,这种进化应该发生在智人开始穿衣服之后,当智人第一次穿上衣服时,他们无意间给头虱提供了一个新的栖息地。经过对头虱和体虱分化的年代进行分析,里德得出了一个让人瞠目结舌的结论:在长得令人难以置信的时间里,我们的祖先一直是赤身裸体的。

根据里德的说法,第一个穿衣服的人生活在大约 10.7 万年前。然而,遗传学家艾伦·罗杰斯(Alan Rogers)已经确定,在大约 120 万年前,人类的肤色已经由黑猩猩般的浅粉色变为可以抵御紫外线的深色,这表明,在那个时候,人类的体毛已经稀疏到了不雅观的程度。

那么,人类是如何在没有厚厚的体毛和衣服的情况下生存这么长时间的呢?另外,最重要的是,谁结束了持续长达百万年的裸体历史?

我打算叫他拉尔夫,这个名字源自拉尔夫·劳伦(Ralph Lauren)。

因为证据显示，当我们的拉尔夫产生了想法时，他不仅对衣服的功能感兴趣，对时尚也怀有同样的兴趣。（我叫他拉尔夫，当他是男性，实际上我并不知道性别。这是我乱猜的，是扔了一枚硬币得来的结果。）

拉尔夫是智人，大约 10.7 万年前出生在非洲，也许是南非。许多研究人员认为，如果拉尔夫能够穿越时空，我们可以学会他的语言，他也可以学会我们的语言。他们相信，拉尔夫具有现代人的头脑，完全具有象征思维的能力，在认知力上与现代人没什么不同。如果成长在当今的世界，他可能会成为一名优秀的银行家、服务生或律师。

学者们认为，拉尔夫具有现代智人的外表，但他确实有一种相当不寻常的容貌。我曾问过杜克大学的考古学家史蒂文·丘吉尔（Steven Churchill），如果让拉尔夫走在当今一个街道的人行道上，是否会引得路人纷纷侧目。他说，比起现代男性，拉尔夫的脸会"更男性化"，主要的不同之处是他的眉脊尤为向前凸出，这在当今人们的容貌中极为罕见。虽然每个人的眉脊大小不一，但现代人的眉脊最多也就前凸到鼻子上方的位置，不会更多。拉尔夫的眉脊却不是这样，他的眉脊前凸的程度超过了鼻子，并且强劲有力地延伸到差不多他的整张脸的宽度。内分泌学专家认为，这种强硬的特征是拉尔夫体内的睾酮比现代人更多而造成的。也因为如此，眉脊被视为攻击性的标志。最近的研究表明，直到大约 8 万年前，我们的祖先开始重视眉毛的动作（也即表达情绪变化的能力），而不再偏好那种永远怒气冲冲的模样，此时，像拉尔夫那样的眉脊才逐渐消失。丘吉尔告诉我，拉尔夫应该有一张严厉得令人望而生畏的脸，"但除此之外，我认为没有什么人会注意到他与今天的人有什么不同"。

拉尔夫完成他的伟大发明时，可能已经年纪很大了。他在族群中应该较有影响力，整天用矛、标枪和弹弓一类的工具打猎，虽然往往都空手而归。他挥舞着一套复杂的岩石工具，包括刮皮刀、手斧和矛尖，他也摆弄过有机材料，比如，用藤蔓来做绳索，用动物皮来做被褥。为了争夺资源或食物，他与其他智人族群或其他古人类群体打架，不过，也有可能他只是出于恐惧而打架。

他去打猎，如果碰巧成功地杀死了一只疣猪或鹿，他会先和亲人分享，然后和其他族人分享。如果有天晚上，出去打猎的人都没能带回来肉，他就可能一边啃着块茎和根茎类食物，一边发牢骚。天黑了，他在篝火旁和人闲聊，夜晚，他还讲些星星的故事。他有时微笑，有时开怀大笑，和孩子们一起玩耍。

尽管他做所有这些事的时候，都是赤身裸体的，但他并不冷。

寒冷对智人来说是个考验。面对寒冷，我们的生理反应是颤抖和重新分配血液供应，而这些生理反应，用考古学家伊恩·吉利根（Ian Gilligan）的话来说，"迟钝且无效"。这就是为什么大多数哺乳动物都毛茸茸的。比如说兔子，它们可以承受零下49摄氏度的低温，一旦剃掉毛，它们就只能承受32摄氏度的温度，没错，零上32摄氏度。看到这里，就能知道为什么我们该感到惊讶无比了：人类从褪去厚厚的毛到穿上衣服，中间长达100万年。而其他一些无毛的陆生哺乳动物，要么生活在地下，要么它们的比表面积大，可以让身体保持温暖，比如大象。除了我们，没有其他灵长类动物长这么少的毛。作为恒温动物，赤身裸体的智人怎么能在没有浓厚的体毛的情况下生存下来呢？这个问题的答案与古人类褪去体毛的原因是一致的：火。

古人类能在既没有浓厚的体毛又不穿衣服的情况下生存了将近100万年，靠的是火。有了火的武装，除了极端冷酷的环境，在其他情况下，衣服都是无关紧要的东西。这不可谓不令人惊讶，然而，通过对少数狩猎采集文化的人种学观察，学者们已经证明了这是真实的。

在南美洲南部海岸，那里的山脉终年积雪，海里浸着冰川，当葡萄牙探险家斐迪南·麦哲伦第一次航行至此时，与他同行的水手发现，当地的扬甘人（Yahgan）和阿拉卡卢夫人（Alaculef）都不穿衣服，却过得相当舒适。为了保暖，他们给自己涂上动物油脂，点燃大量的篝火，篝火的数量如此之多，以至于水手们把该地命名为火地岛（Tierra del Fuego）。这并不是说扬甘人和阿拉卡卢夫人从来没有过穿衣服的念头，毕竟，他们经常和自己的邻居奥那人（Ona）打仗，而奥那人是穿衣服的。显然，他们觉得穿衣服没必要。塔斯马尼亚的土著人也是如此，他们几乎不穿衣服，而且，与拉尔夫相比，他们的生活环境寒冷得多。

服装并不是人类学家所说的"人类普遍性"。它不像控制火，在任何一种人类文化中都存在，相反，服装并非所有文化中的普遍存在。但是，装饰自己是一种人类普遍性，无论是身体绘画、文身，还是戴耳环，或是改变身体的形态，都属于装饰自己。所有已知的人类文化，从巴布亚新几内亚与世隔绝的部落，到华尔街的银行家，属于不同文化的人都会以某种方式装饰自己。由于这种普遍性，人类学家认为今天的人类与所有智人文化共同具备这种特征。扬甘人几乎不穿衣服，但他们戴着精致的斗篷、手镯和项链，涂绘自己的脸和身体。人类学家认为，个性化是人类最基本的需求之一，就像食物和住所一样。

这一深刻的人类真相表明，拉尔夫的灵感可能并非出于对温暖的需求，当然更不是源自任何现代西方对端庄、典雅的观念，相反，它与项链、文身和耳环一样，源自同一种人类欲望。换言之，拉尔夫最初制作的衣服是一件时尚单品。

虚荣是技术创新的强大动力，发明华而不实之物的人太多，远不止拉尔夫一个。人类学家称此类发明为"面子技术"（prestige technology），因为它们的功能主要是提升使用者的地位。很多人类最伟大的发明，包括大多数金属制品、陶器和织物，本质上都是难以生产的物品，在实际使用价值上，它们并没有什么优势，完全可以用类似物品替代。然而，这些物品之所以广受欢迎，人人竞相拥有，很大程度上归功于它们的制作难度，难度造成稀缺性，稀缺性产生价值，也就是常说的物以稀为贵。直到后来，通过改进制造，像铜或青铜一类的制品才获得了实用价值。拉尔夫和他的衣服可能就是这种情况。

拉尔夫的发明起初可能就像领带一样不够实用，但它满足了人类的深层需求。而随着时间的推移，它演变成了一种至关重要的装备，靠着它，后来的智人得以在北半球的极寒环境中生存下来。几万年前，初次踏进欧洲的智人，很可能已经身披做工复杂、相当精致的皮草，穿着带内衬的夹克。相关考古遗址中的骨头表明，他们很喜欢猎杀貂熊。貂熊身上几乎没什么可吃的，但它的毛皮具有弥足珍贵的保暖性能。目前，考古学家发现的最早的服装图像是一幅 2.4 万年前的雕刻图案，图案里有一个人，穿着一件非常实用的连帽大衣。

　　但是，在衣服的发明中，实用性是姗姗来迟的东西。无论拉尔夫发明了什么样的衣服，它都更接近领带的性质，而非衬衫。或许，他只是需要一些在战斗时穿的东西，因为智人通常都非常想让自己看起来不好惹，这些穿戴的东西，能让他们变得越吓人就越好。又或许，他要主持一项启动仪式或庆典，需要一些东西让他引人注目。有可能，他发明的衣服很简单，就像扬甘人偶尔披着的盖肩斗篷一样；也有可能，他的发明并不是扬甘人的斗篷这类实用之物，而是奢侈品。在人种学的记录中，人类有如此丰富的不实用服饰，从假发到蝴蝶结，再到阳具盾牌，稀奇古怪，甚至滑稽可笑。所以，拉尔夫到底想出了什么点子？我们猜不到，一再去猜也是挺愚蠢的。

　　但我们知道，不管拉尔夫的发明是什么，它最终成为时尚，有时甚至成了必需品。而那些在人类头顶上潜逃已久的寄生虫，注意到了这种新的移动式皮毛。于是，几只头虱大着胆子，爬到了新纤维上，希望有机会回到它们古老的饲养场，它们在那里繁衍生息，绵延不绝。

05

谁是第一个射箭的人？

如果将人类在地球上的历史比作一天，
这件事就发生在下午 6 点 48 分（6.4 万年前）。

大约 4 万年前，在现在伊拉克东北部的扎格罗斯山脉（Zagros Mountains），山尼达洞（Shanidar cave）附近，一个尼安德特老汉拖着患了关节炎的脚，蹒跚而行，忽然，他遭到一名不明身份的袭击者的攻击：一把小小的石制武器刺进了他的胸腔，干净利落地刺穿了第九根肋骨，停在了他的肺部附近。他被埋在了洞穴里，当考古学家发现他的骸骨时，他们注意到骨头上有愈合的痕迹，这表明当时袭击者的一击并没有致命，但伤口已经严重影响了他的肺，或者引起了感染，因为骸骨证据显示，他过了几周就死了。

本来，尼安德特人的骸骨有创伤的迹象，并不稀奇。毕竟他们经常猎杀冰河时代的大型哺乳动物，而刺矛是他们的主要武器。伤亡不可避免。根据一项研究，多达 80% 的尼安德特人骸骨显示有严重创伤的迹象。

但是，这具骨架上的伤口与众不同。这具骨架被称为山尼达3号，发现它的考古学家们注意到，其肋骨上的伤痕几乎达到了外科手术的精确度，他们据此排除了该名男性是被猛犸象牙刺死或坠落致死的情况。考古学家认为，他极有可能是被刀或矛杀死的。

尽管如此，这个非同寻常的精细伤口，还是引起了杜克大学一组研究人员的怀疑。矛和刀能传递巨大的动能，它们在骨头上留下的痕迹通常是参差不齐的，并且创面较大。相比之下，这个不幸的尼安德特人所受的伤害却是干脆利落的，伤口干净精细。杜克大学的研究小组于是进行了试验，来测试石器时代的刀和矛是否能造成这样精细的伤口。他们将死亡的猪分队排列，用石制的武器去刺、割猪身，并向猪身投掷长矛。但是，无论他们从哪个角度去刺，无论他们投掷长矛的力度多轻，都始终无法复制出山尼达3号的伤口的轨迹和精度。最后，他们得出的结论是，山尼达3号所遭受的袭击是由一种"轻型、低动能"的弹道武器造成的，这意味着这个尼安德特老汉并非被长矛刺伤，也不是被捅伤，更不是坠落致死，相反，他是被箭射死的，而他也成了迄今为止考古发现中最早的弓箭受害者。

尽管山尼达3号是尼安德特人，但杀死他的凶手并不是尼安德特人。现有证据显示，除了长矛，尼安德特人没有制造或使用过任何其他投掷兵器，也许是他们的脑子还没有发达到能制造这类武器，也许是因为他们的猎物太大，弓箭这样的东西没多大用处。但不管怎样，只有一个物种能够造成这种伤口：我们自己，即智人。

凶手使用的武器应该是一个多部件系统，设计巧妙，制造精良。它是一种新型的木制弹射器，弦是用动物筋腱制成的，箭轻而直，箭头是一块指甲大小的石片。在袭击原理上，长矛是通过压碎肌肉和骨骼从而固定袭击目标，箭则不同，箭是扎入受害者体内以伤害其器官和动脉。因此，尽管长矛在对付强大的动物时仍保持着优势，但直到发明火药之前，弓箭一直是对付较小目标（包括人类）的首要武器。

　　弓比矛复杂得多。一支矛的形状有点畸形，不影响它的致命性。但是，弓不一样，弓必须是完美的。射中山尼达3号的弓应该是用硬木做的，而且经过了精心的打造。任何地方有点肉眼可见的不完美，都会让弓无法稳定弯曲，从而变得脆弱易断，或者毫无用处。这把弓的弦应该是用干燥的筋腱做的，能够承受巨大的张力，并且还得纤细光滑。

　　尽管制作弓的工艺要求已经很高了，但制作箭的难度可能更大。即使是史前的弓，箭在发射的瞬间，也会以超过23千克的力向前冲刺，随后，箭的速度会增加到大于160千米每小时。因此，箭太硬或者太韧都不行，太硬或太韧都会导致其挠度不正确。另外，为了准确地飞行，箭必须是笔直的，笔直的程度以史前人类的制作水准似乎不可想象。如果偏离中心超过1.6毫米，箭在飞行途中就会弯曲。

　　箭头必须很小，才能保证箭的平衡性；箭头必须极薄，需要削到剃须刀刃那么薄，才能顺畅地游走在骨肉之中。而要把石制的小小箭头固定在木制箭杆上，我们这位远古时期的弓箭手需要胶水，他精心地将树液融化，再硬化，制作了一种史前超级胶。

　　弓箭手也一定是个熟手。不然，在校正角度或调整瞄准时的一丁点小差错，甚或是呼吸的时机不对，都会让这支暗中射向山尼达3号的箭失去致命作用，还会暴露弓箭手的位置。

不管是谁射杀了山尼达3号，他实施暗杀所用的系统装置在设计制造上堪称完美，从完美程度来看，似乎不可能出现在如此久远的历史中。同时，我们也可以看出，杀害山尼达3号的弓箭手并不是弓箭的发明者。相反，最初的弓箭和所有的新发明一样，都极为简陋，也不完善，它应该会很轻，射不准，并且没多少穿透力。此外，发明人本身很可能是个小个子，就像他的发明一样轻且小。

我打算叫他阿奇（Archie）。

阿奇大约出生于6.4万年前，可能生活在南非东部的西布杜洞穴（Sibudu Cave），就在如今的德班市（Durban）外围。不久前，约翰内斯堡大学考古学教授玛莉兹·伦巴德（Marlize Lombard）在那里发现了6.4万年前的石制箭头，这是迄今为止发现的人类使用弓箭的最早证据。

阿奇生活的时代，是一个考古学家称之为豪伊森-普尔特（Howiesons Poort）的文化时期。他生活在南非海岸，和他一起生活的是一群狩猎采集者，他们制作了一些迄今为止发现的最古老的象征性艺术品：珠子、贝壳项链和小版画。

阿奇是现代智人。如果你给他穿上现代服装，让他坐在现在的教室里，他会和其他学生融为一体，丝毫没有突兀之处。他讲话已经用的是完整语言，我们通过学习就可以理解，就像他也可以学习并理解本页书上的字词一样。他的皮肤黝黑，头发卷曲成一团，紧紧地贴着头皮。他穿着轻便的动物皮，既是为了装饰，也是为了保暖，尽管他可能没有穿鞋子。

阿奇吃杂食，用块茎和肉填饱肚子。大多数时候，他吃的肉都是一些用小圈套捕获的小动物，但偶尔，他也会吃水牛一类的大型动物。他也做一些艺术品。西布杜洞穴中，有大量的红赭石，他会把它们粉碎，然后与水混合来做颜料。虽然，到目前为止，还没有发现日期这么早的洞穴壁画，但是，除了可以当作绘画颜料，红赭石几乎没有其他用处。如果阿奇没有拿红赭石来画壁画，那么，他可能是用它来装饰自己的身体。

他在贝壳和珠子上钻孔，大概是为了穿项链，或者可能是为了套在棍子上。这些简单的艺术品，或是装饰，或是玩具，可能会回答考古学中最令人困惑的问题之一：究竟人是怎么想到发明弓的？

弓的发明具有神秘的性质，因为，它完全是独创的。早期古人类的发明，几乎都能在自然界中找到对应物，发明家们无疑都是聪明过人、心灵手巧的，但他们的发明仍是模仿了他们所看到的事物：滚动的原木启发了轮子的发明；漂浮的原木启发了船只的发明；长矛由棍子而来；绳索由藤蔓而来；手斧由石头而来；飞机由飞鸟而来。通常情况下，自然提供理念，而人类则进行制造。

但弓箭绝非如此。在弯曲的木头上储存能量，然后用它来发射物体，这绝不是从自然界的某种东西复制而来的。这是一项独特的人类发明，意味着它的起源可能与智人的很多其他创造性发明的起源一样：偶然。

米里亚姆·海德勒（Miriam Haidle）是德国图宾根大学的古人类学教授，在研究豪伊森－普尔特文化时期的弓方面，她是权威人士。她说："在我看来，它是某人在尝试做其他事情时意外发明的。"

持这种观点的不止她一人。许多学者得出的结论是，对任何人来说，弓都过于新颖、过于精巧，它不太可能出自某个人的头脑风暴，也不大可能是某个人灵感迸发的产物。

我于是问海德勒，弓究竟是怎么被发明出来的。她指出，在豪伊森－普尔特文化时期，已经存在棍子、筋腱和珠子。她怀疑，有人（比如说阿奇）想把珠子绑在棍子上，而在绑的过程中，他可能刚好把棍子的两头绑上了，如此就得到了一个原始的弓。这听起来比较可信。本来，弓可能不是作为武器而出现，因为它毫无用处。不过，它与生俱来的弹性却很新奇。阿奇可能就会玩弄这个系统装置中的弹力，他用手去拉他的作品，把弦弹得嘣嘣响，玩得不亦乐乎。而如果阿奇用柔韧的弦来弹珠子、贝壳和棍子，这把"弓"就已具备艺术作品的愉悦功能，即使它没有实用价值。

从一件除了好玩别无他用的物品，到射杀山尼达3号的复杂武器系统，路漫漫其修远兮。从阿奇弹珠子的弓开始，漫长的历史里，人们不断地对弓进行着修正和改良：从选择合适的木材并制造适宜的形状，到把箭头磨锋利并粘牢固，再到不断尝试怎样将弓弦矫正至最佳状态。这些创新虽然看起来不起眼，但都是极为重要的，每一个这样的小创新都需要无数代人的努力。那么，在人类文化中，弓何以持续存在这么长时间从而得以不断改进呢？该如何解释？

原因可能很简单：阿奇还是个孩子，并且，很可能是个小男孩。因为重复研究表明，年龄小的雄性灵长类动物更喜欢投掷玩具，智人也好，长尾猴也罢，都呈现同样的现象。因此，我们有理由相信，最初的弓是一种新奇而无实际用处的愉悦之物。换句话说，第一把弓是个玩具。

然而，是否能用"玩具"来指代古代遗址中发现的物品，考古学家们始终犹豫不决。马克斯·普朗克人类历史科学研究所的帕特里克·罗伯茨（Patrick Roberts）曾给我写信说："我们真正获得的东西是玩具的确凿证据，只能追溯到公元前 3000 年埃及和美索不达米亚的城市时期。"换句话说，在文字发明之后，玩具才被其使用者特意描述为玩具。文字发明之前的考古发现，考古学家很难区分玩偶和神像。

但是，所有的孩子都会玩。这不仅是人类的共性，甚至是所有脊椎动物的共性。斯图尔特·布朗（Stuart Brown）是美国国家游戏研究所（National Institute for Play）的创始人，他职业生涯的大部分时间，都在研究游戏在人类和动物心理健康中的作用。我曾问过他，远古时期的小孩子们会不会玩耍，他告诉我，在人们已研究过的文化中，基本没见过什么文化不包括玩耍活动的，因此，"没有理由怀疑有文字记录之前的文化有什么不同，事实上，一些证据表明，远古时期的人们玩耍活动更多"。

一说到狩猎采集者，人们普遍会认为他们是一群在贫瘠、残酷的生存条件中苦苦挣扎的人。事实上，即使那些生活在不毛之地的狩猎采集者，都比农民和牧民享有更多的闲暇时间，弓就是最好的证据。自由时间、游戏和玩具，它们不仅在当今文化中很重要，在豪伊森-普尔特文化时期也同样重要。

我们可以假设，像阿奇这样远古时期的孩子，他们也会像当今世界各地的孩子一样玩耍，而且是以类似的方式玩耍。不仅如此，我还咨询过《美国游戏杂志》（*American Journal of Play*）的前编辑斯科特·埃伯尔（Scott Eberle），我问他，武器起源于玩具是不是罕见的情况，他回答，从玩具到武器的发展道路是一条常见的、行之有效的道路。回力镖、机器人、火箭，所有这些东西最初都是玩具，直到制造技术的改进使它们在战场上发挥作用。"我的猜测是，设计武器的灵感接近游戏的冲动"，埃伯尔解释说。

现代儿童心理学家和聘用他们的玩具公司会使用一个词，叫"游戏模式"（play patterns），以描述儿童在未经引导时的活动。活动的清单并不长，但处于前面的是人类最基本的活动之一：投掷。看来，人类从投掷物体中获得乐趣是一种普遍现象。昆桑人的小男孩会拿着小小的弓射小小的箭来玩，与此同时，就在我撰写本文之时，美国最畅销的20种玩具中，就有6种是射击玩具。

弓箭最终成了杀人机器，但早先变成武器的弓箭与杀人机器相去甚远。海德勒告诉我，在豪伊森-普尔特文化时期，弓箭可能主要是用于猎杀小型动物。在西布杜洞穴中发现的弓箭，可能就是这种用途。人们的猎杀目标中，有种叫蓝麂羚（blue duiker）的动物，体形很小，大约只有 10 磅[①] 重。在西布杜洞穴中，蓝麂羚的骨头随处可见，横七竖八

---

① 英制质量单位，1 磅合 0.4536 千克。

地散落着。

但是，与许多早期发明不同，弓箭始终存在，而且一直不停地在改进。6万多年来，智人不断地加强弓箭的力量，增加它的准确性。于是，它起先只是削断了山尼达3号的肋骨，到1415年的阿金库尔战役，它已经成了让法国人死伤无数的武器。弓箭一直稳居武器的榜首，直到另一种同样不切实际的好奇心的产物——火药取代了它。当人们发现火药具有致命性能后，他们开始用它代替弓箭。但在长达6.4万年的时间里，弓箭一直是战争的主要武器。

而这一切，都始于一个玩具。

06

谁画了世界上
第一幅杰作?

如果将人类在地球上的历史比作一天,
这件事就发生在晚上9点(3.3万年前)。

在法国西南部,站在宏伟的蓬达尔克天然桥(Pont d'Arc land bridge)上,目光所及之处,阿尔代什河(Ardèche River)上方有一个山洞,入口由一扇现代化钢铁大门把守。进入洞口后,里面的一面石灰岩壁上,画有图案。这些画是清楚确凿的证据,证明古老的人类天才的存在。

其中有一幅画,考古学家称之为《奔马图》(*Panel of the Horses*)。3.3万年前,有一个画家,借着忽明忽暗的灯火,用炭条在石灰岩壁上画下了这幅画。如今,他的作品被视为远古时期画作的典范,他也无可争议地被认为是一个天才。

肖维岩洞(Chauvet cave)里有400多幅画作,它们的创作者不一,因为不同时期居住此地的人不同。画作的创作时间断断续续，总计长达5000多年。在大约2.5万年前，一次山体滑坡堵住了岩洞的入口，这项绘画创作工程才停止。自此，这个装满绘画杰作的岩洞一直不见天日，直到1994年，让－马里·肖维（Jean-Marie Chauvet）和一群洞穴探险家重新发现了它。彼得·罗宾逊（Peter Robinson）是一位艺术家，他在布拉德肖基金会做编辑，该基金会致力研究和保护全世界的岩石艺术，他告诉我，肖维岩洞里的绘画虽然出自不同人之手，但画作水平无一例外都很高，所以他认为，很可能只有最优秀的画家才被允许在洞穴的墙壁上作画。

不过，即使洞穴里汇集的都是大师画作，《奔马图》仍格外引人注目。创作这幅杰作的艺术家，他生活的时间，比第一座金字塔建造的时间还早将近3万年。洞穴里，一盏古老的油灯，灯火明暗不定，他手中的炭条来回穿梭，挥洒自如，一幅画很快就出现了，从此让他成为最古老的史前天才。

这个艺术家是谁呢？

我打算叫他让。

顺便说一句，这么多洞穴画家，但考古学家目前唯一能确认的只有一个，根据其留在洞穴中的手印判断，这位画家站起来有182厘米高，所以，我认为让是男性。

让出生于3.3万年前，他的出生地如今属于法国。他出生之后数万年，人类才有了文字。让生活的时代，考古学家称之为奥瑞纳（Aurignacian）文化时期，其标志性的特征是已经相当复杂的艺术作品，包括象牙珠、雕塑、洞穴壁画，以及一些迄今为止发现的最古老的乐器。

根据最近从戈耶洞穴（Goyet Cave，位于比利时）人类骸骨中提取出来的DNA，我们可以推测，让的皮肤应该是深棕色的，有着黑色卷曲的头发，眼睛很可能是棕色。

从外表来看，让已经完全是个现代人的样子了。早期智人脸上突出的眉脊，在让的时代已经消失，如果他今天站在街角，我们不用想路人会不会纷纷侧目，因为他不会有任何外貌和形体上的巨大差异。

让的脸，我们很熟悉，然而，他出生时期的欧洲，现代人几乎都认不出。彼时，斯堪的纳维亚半岛隐蔽在冰盖下，阿尔卑斯山上的冰川厚度超过1600米。冰川锁住了太多的海水，如果让愿意的话，他可以步行去英国。为了活下去，他穿着极其厚重的熊皮和驯鹿皮做的衣服，皮衣缝制得很合身，还有夹层，内衬是貂熊毛皮。在传说中，冰川时期的欧洲猎人善于猎杀猛犸象，声名赫赫，然而，实际证据表明他们很少能把大型动物放倒在地。相反，在奥瑞纳文化时期的营地里发现的骨骼中，有四分之三是羱羊骨，这说明，让的伙食基本上来源于这种与山羊相似的、坚韧灵巧的动物。

让喜欢音乐，甚至可能自己也会演奏。考古学家在奥瑞纳遗址发现了最古老的乐器，包括用象牙制成的小笛子和秃鹫骨。他们复制了其中的笛子，试着探索原始的笛子会发出什么声音，结果显示，奥瑞纳遗址里的小笛子，吹的时候应该像风笛的声音。根据八度音阶的标准，它们只能吹出5个音符，同样的音阶在一些现代音乐中也有出现，比如，

《黑绵羊咩咩叫》(*Baa Baa Black Sheep*)，或者齐柏林飞艇乐队（Led Zeppelin）的《天国的阶梯》(*Stairway To Heaven*)。

与让一起住在西欧的，还有洞熊、犀牛、驯鹿和洞狮，当然，还有其他智人群体。不过，让跟其他智人群体的交往肯定是极其少见的。那个时期，整个欧洲大陆，人口稀少的程度无法想象。想想看，今天俄勒冈州波特兰市的居民，都比那时整个欧洲大陆的人口多。

和所有现代智人一样，让天生就会画画。对从未接触过绘画的幼儿进行的研究表明，他们既能在没有任何指导的情况下画出可识别的图形，又能识别出图形所表现的事物。换句话说，绘画不是一种发明，而是一种本能。

但是，一种艺术天赋要最终发展为真正的技艺，必须在主体很小的时候就发掘并培养。我们甚至相信，让可能接受过正规教育。我曾经问罗宾逊，让所生活的时期，是否有可能已经建立了正式的教育体系，他的回答是，奥瑞纳文化时期的画作（比如肖维岩洞里的），构思相当精良，风格高度统一，如果仅仅认为是模仿在起作用，有点说不过去，所以，即使在古老如斯的文化中，也可能已经建立了学徒制度。罗宾逊在给我的信中写道："研究人员在讨论史前'艺术学校'的可能性"，并且，与人们认为史前文化没有教育制度相反，这些历经沧桑的洞穴墙壁上的证据表明，在如此古老的文化中，已存在教育制度，并且相当正规。绘画并不是一种随意而为的消遣，至少在像肖维岩洞这种地方作画并非如此。"绘画是艺术，而且被认真对待"，罗宾逊说。

我们这些人，从小是看漫画长大的，熟悉的是流行文化里的"穴居人”形象：穿着虎皮，不是在四处找午饭，就是已经成了午饭。因此，一小群狩猎采集者，生活在冰天雪地的欧洲，却把大量的时间和资源倾注在艺术创作上，这听起来简直是天方夜谭。但是，肖维岩洞就是强有力的证据，它表明流行文化对“穴居人”形象的塑造，岂止是错得离谱，简直可能是全然相反的。没有证据表明，让会比今天的天才人物差劲，相反，一些证据表明，让那个时期的智人可能普遍要比今天的人更聪明。毕竟，有一个证据，让的大脑要比现代人的大 10%。他的大脑更大，可能与早期智人发达的肌肉有关，他们的肌肉质量要大于今天的普通人，当然，也有可能是我们的大脑变得更有效率了，体积更小，功能却更强大。但是，让可能就是比我们智力更高，我们不能否认这一点。

今天的人们，对周遭环境的了解其实不够充分。但让不同，为了生存，他必须非常全面地了解他的生存环境。他必须做很多不同的事：追踪，狩猎，建屋，杀生，做饭，战斗，沟通，社交，以及制作工具；他必须知道，哪些植物会致命，哪些植物会救命；他必须知道，哪里可以找到水源，怎样通过星辰轨迹判断季节变化；他也必须知道，动物的迁徙模式、它们的领地，以及如何制造他必需的一切东西。然而，因为没有文字，他只好把所有内容都储存在记忆里。

让我们来推测一下让创作岩画时的年龄。一提起“天才”这个词，首先进入我们脑海的是在很小的年纪就创作出伟大作品的人，比如莫扎特，8 岁时就写出了他的《第一交响曲》。但事实上，根据荷兰经济学家菲利普·汉斯·弗朗西斯（Philip Hans Franses）的一项研究，天才之路大多是迂回曲折的。与流行的天才观念相反，很少有画家能在 30 岁之前创作出最好的作品。相反，大师级的画家通常要到 40 岁出头才创作出他们最有价值的画。此外，据联合国人口司估计，让那个时代的人，平均预期寿命只有 24 岁，但是，这是平均数，如果奥瑞纳人能安全地活过儿童期，他们活到五六十岁也不稀奇。

一个合理的猜测是，让创作《奔马图》时，可能已经人到中年。那时，他不仅技艺精湛，也在他生活的集体内获得了一定程度的赞誉。有了这两样保障，他才获得了在肖维岩洞画画的殊荣。

让第一次进入岩洞时，肯定经历了一次奇特的感官体验。从光谱上看，再黑的夜，也还比较接近白天的光线，然而，岩洞里完全没有光线，它比最黑的夜还要黑。这意味着，当让走入洞口之后，他很快就会淹没在绝对纯粹的黑暗中。为了看清楚，让点了灯，但是，他的燃料只有松树枝或动物脂肪，产生的光还不如蜡烛亮。因此，让从未曾看过自己的完整画作。然而，他画在岩洞里的艺术品，在灯火阑珊处翩翩起舞。流动起伏的光线，显出了动物的轮廓，火苗摇曳不定，动物们栩栩如生，仿佛是自行从岩石中走出来的一样。

岩洞里的声音，更是增加了神秘的气氛。有时，洞里异常安静；有时，水顺着树根流下来，或从钟乳石上滴落下来，点点滴滴，时断时续，潺潺的水声回响在整个空间，岩洞里也就有了生气。

黑暗弥漫，灯火闪烁，阴影跳动，声声入耳，身处其中，我们不难理解为何让会认为艺术本质上是鲜活的、神秘的，我们也很容易想象洞穴是教堂和剧院的结合体，是一处具有超自然力量的场所。很明显，肖维岩洞不是居住地，它的现场没有遗骸、文物，也没有日常生活留下的痕迹。相反，它是一个展示绘画、供人观赏的地方，甚至很可能是一个举行崇拜仪式的场所。肖维岩洞里究竟进行了怎样的宗教仪式，考古学家们不得而知，很可能永远也无法取证证明。但是，在其中最大的岩洞的中央，摆着一块石头，石头上放着一只洞熊的头骨，不管是以哪种文明的眼光看，这都像是一座祭坛。

在"动笔"之前，让肯定先研究了一下他的"画布"：布满裂缝的石灰岩。这块"画布"，既是独一无二的挑战，也是举世无双的机遇。岩洞内壁凹凸不平，但是，让是个才华横溢的画家，墙壁上的凸起和凹陷，正好提供了透视画法的方便，也恰好有利于创造动感。他在打腹稿的时候，会把墙的轮廓也考虑进去，而他所要画的对象，并不是人物，也不是风景，而是他一以贯之的主题：那个时代的伟大动物。

奥瑞纳文化时期洞穴艺术的谜团之一是：为什么艺术家们几乎都只画动物？肖维岩洞里有 400 多幅画作，其中只出现了一个人物，这个人物还不是全身，只有几个部位。而且，所有画作中，没有树，没有山，总之没有任何风景，就连巨大的、标志性的蓬达尔克天然桥都没有出现在画中，而只要站在岩洞入口处，蓬达尔克天然桥清晰可见。另外，这些艺术家还不单单是只画动物，他们只画特定种类的动物。让在作画时，并没有画瘸羊之类的寻常动物，因为瘸羊和兔子不够有代表性，就像现代艺术作品和神话会自动无视鸽子和松鼠一样。相反，让画了他的世界里强大而可怕的动物：犀牛、洞狮、洞熊和野牛。换言之，他画的是超级英雄，而不是食物。

让需要处理一下石灰岩，他把岩石表面的方解石结晶刮掉，露出白色的表面，以便凸显黑色的炭条画的线。他的画笔，是苏格兰松木炭，而根据哈佛大学神经学专家诺曼·贾许温德（Norman Geschwind）对天才艺术家的研究，让很可能是用左手握"笔"的。

罗宾逊观察了《奔马图》中线条的交织方式，他认为，让一开始是蹲在地上的，先在画布的右下角画了两只角斗中的犀牛，它们的角狠狠地绞在一起，像是要把对方捣碎。墙壁上的手印显示，让在作画时，会用手指抚摸作品，而且很有规律。考古学家让·克洛特斯（Jean Clottes）是《洞穴艺术》（Cave Art）一书的作者，也是最早进入洞穴的人之一，他认为，让这类艺术家在创作时用手抚摸画作，可能是为了把自己的精神传递给作品。在萨满教中，超自然事物之间的交流是双向的，因此，克洛特斯认为，奥瑞纳文化时期的艺术家们之所以画动物，部分原因是为了与它们的灵魂对话。

让画得很快。画完角斗的犀牛，他以顺时针方向，在左边继续画。他先是画了一只雄鹿，接着画了两只猛犸象，然后在顶上画了原牛（家牛的祖先）。但在创作的中途，在一块他"刻意预留的空处"（罗宾逊告诉我的），让画下了他的杰作：四匹马。

他从左上角开始往下画，四匹马似乎都从右向左飞驰而过，其中三匹马嘴巴大张，气喘吁吁，第四匹马则正在嘶鸣。

最后，作为画龙点睛的一笔，让把马的轮廓刻进了岩石，似乎是为了引人注目。根据《奔马图》的绘画技法、创作速度以及马匹身上所涂的颜料（一种木炭和黏土的混合物），专家们判断，四匹马是一气呵成的，作者是同一个人。

1940 年，在法国西南部发现的拉斯科洞穴（Lascaux caves），里面的画作可与肖维岩洞相媲美。毕加索曾去参观了拉斯科洞穴，传言说当他离开时，留下一句话："他们已经发明了一切。"

如果把让和其他奥瑞纳艺术家的艺术创新列个清单，那将会是一个长长的清单。比如，利用大小和角度在二维表面上创造立体感的透视法，原本人们一直以为这种画法最早出现在雅典艺术家的画作中，至文艺复兴时期达到完善，但其实，比雅典艺术家还早数万年的让，就已经用透视法画了角斗的犀牛和依次变小的四匹马。又如，利用点在表面创造图形的点画法，通常被认为是 19 世纪末法国艺术家的功劳，然而，就在肖维岩洞的入口处不远，一位艺术家就用点画法画了一只红色猛犸象。

利用模版印制和负显像的技法在肖维岩洞也很常见。艺术家们把手按在墙上，五指分开，用细长中空的骨头将红赭石粉吹上去，这样就在墙上留下一个手形的印记。这个独特的手印，似乎反映了一个古老的愿望："到此一游。"其中一个手印尤为清晰，小指以一种不可思议的形状弯曲着。我甚至把这个手印的图片拿给一位外科医生看，让她诊断下小指弯曲是不是第四或第五掌骨骨折的结果，她说："确实是伤后痊愈了，但愈合得不好。"

一些艺术家似乎甚至会使用动画技法。肖维岩洞墙上的一只野牛，有 8 条模糊的腿，而在 3.2 万年后，同样的想法才被人们誉为新颖有创意。

如果，让是在史前学徒制度里度过了他的青春，他长大后，很可能会选择回报。也许，他带着下一代画家，在山洞里参观。在肖维岩洞的深处，通向放置祭坛的那个洞穴的路上，路边有一些碎片，是燃烧的火把留下的，碎片旁的泥土凹下去一个印：3万多年前，一个小孩子在这里踩了一脚，留下了世界上最古老的脚印之一。

按照奥瑞纳文化时期人的寿命，让在创作绘画时已经是个长者了，很有可能，他画完"奔马图"后不久就与世长辞了。他可能死于意外事故，也有可能是因感染而死，或者是暴力行为的受害者。我想，这样一个伟大的艺术家，应该能在死后得到艺术荣誉吧。还好，奥瑞纳文化很可能相信有灵魂的存在，并且奉行仪式化死亡，所以我的希望并非不切实际。

07

谁是第一个
发现美洲的人？

如果将人类在地球上的历史比作一天，
这件事就发生在晚上 10 点 43 分（1.6 万年前）。

1492 年 10 月 12 日，克里斯托弗·哥伦布目睹了一个"新世界"，并声称其属于西班牙王国。这片所谓的"新大陆"，在哥伦布抵达之时，已经有大约 5000 万人生活在那里。很显然，他的发现值得打一个问号，甚至，认为哥伦布是第一个发现新大陆的欧洲人，也是有问题的。大多数研究人员一致认为，早在哥伦布之前将近 500 年，诺斯曼·莱夫·埃里克森（Norseman Leif Erikson）就已在纽芬兰海岸登陆。

更准确地说，克里斯托弗·哥伦布是最后一个发现美洲的人。有趣的是，这样评价哥伦布倒是第一次。

美洲大陆和其他大陆一样宜居，然而，我们这个物种的摇篮在非洲，美洲却被海洋和冰隔开，与非洲天各一方。其结果是，美洲大陆一直杳无人烟。直到 1.6 万年前，加拿大的冰盖开始融化，当时，有一群人生活在西伯利亚和阿拉斯加连接之处的陆地上，他们堪称一群神奇的冒险家。这群人中的一员，以令人难以置信的精神，踏上了冰川消融后裸露出来的新土地，留下了人类在新大陆上的第一个脚印。

这个人是谁呢？

我打算叫他德尔苏（Dersu）。这个名字来源于 18 世纪伟大的西伯利亚探险家德尔苏·乌扎拉（Dersu Uzala）。

我们的德尔苏出生于 1.6 万年前，处于最后一个冰河期的尾巴尖上，距离世界另一端的农业革命发生，还有 5000 多年。这意味着在他出生之时，地球上的人类仍然全都在以狩猎和采集食物为生。

德尔苏出生在白令陆桥（Beringia）。在考古学上，白令陆桥指的是曾经连接西伯利亚和阿拉斯加的陆地，其面积跟得克萨斯州差不多，如今已经沉没不见了。现在，尽管有时被称为陆桥，但它并不是巴拿马地峡那样的存在。相反，白令陆桥是地球上最接近沉没大陆的地方。德尔苏出生的那个时期，巨大的冰盖将足够多的海水困在陆地上，使海平面下降了近 91 米，暴露出一块巨大的陆地，这块陆地现在已经沉入白令海海面以下近 46 米的深处了。所以，早期的西班牙探险家曾推测，美洲土著人是通过传说中的、神秘的亚特兰蒂斯到达新大陆的，他们不知道，他们说得有多么正确。

德尔苏生活时期的文化，我们知之甚少，他们的文化遗址基本都被深深的白令海淹没了。古人类学家对他们的研究，主要是根据其他证据拼合起来的，如语言重建、最古老的美洲人的 DNA，以及他们在阿拉斯加和育空地区北部留下的活动痕迹，这些痕迹本就少得可怜，目前还在逐渐消失。但无可争辩的是，他们的顽强毅力，谱写了人类最伟大的生存故事之一。

德尔苏生活的地方，根本就不是宜居的环境。他们的东边，厚度赶得上摩天大楼高度的科迪勒拉冰盖（Cordilleran ice sheet），几乎覆盖了加拿大的整个西半部分；北边，北冰洋终年冰天雪地；南边，白令海永远冰冷刺骨；西边，西伯利亚荒原常年天寒地冻。可以说，他的居住地，是我们人类有史以来居住过的最可怕、最不宜居的环境之一。白令陆桥与北极圈接壤，并且处在人类历史上最寒冷的时期之一，平均气温在零摄氏度以下，冬天的最高气温很少超过零摄氏度。地面上只有稀稀拉拉的低矮灌木，一棵树都看不见，因此，考古学家认为当时的白令人应该是依靠细小的灌木枝条和骨头来引燃火的。

德尔苏已经是一个彻头彻尾的现代智人了，和你我一样聪明（可能比你我还聪明）。考古学家詹姆斯·查特斯（James Chatters）对最早的美洲居民进行了复原，根据他的研究，德尔苏并没有那么接近因纽特人，反而可能更接近澳大利亚原住民。

就像任何一个现代智人一样，德尔苏也会跳舞，演奏音乐，讲故事。他的日常生活，基本就是整天整天地在北太平洋环海的海藻森林里"打猎"，然后带带孩子，做做饭。他吃的食物主要是海豹、鱼和贝类，偶尔幸运的时候，能吃到野马。白令人留下的考古证据很少，但在育空地区北部的一个洞穴里，考古学家们发现了一块马的下颌骨，骨头上用石器刻下了深深的凹槽。这块马的下颌骨，让我们的眼前浮现出一个画面：2.4 万年前，在蓝鱼洞穴（Bluefish Caves）里，一个白令人手持石刀，掰开马嘴，用力割锯，然后拔出一条马舌，津津有味地享用着它。

德尔苏穿皮衣，他会猎杀海豹、海象、野兔、麋鹿和驼鹿，用它们的皮制作衣服。他使用的武器主要有长矛和飞镖。他用磨得尖锐锋利的燧石和黑曜石做成矛尖，发射飞镖时，他会使用一种专门的梭镖投掷器。他会用网捕鱼，收集贝类生物来吃。他的身边，随处可见成群结队的猛犸象，但估计他并没有经常猎杀猛犸象，至少不会像流行的神话传说中的那么频繁。

根据阿拉斯加太阳河（Sun River）流域的一处 1.2 万年前的遗址，我们可以推测，德尔苏很可能生活在一个只包含四五个家庭的宗族。但是，他会和相邻的群体进行交流，相互交易，一起打猎，甚至结婚。曾经，大多数古人类学家认为，生活在北极圈里的狩猎采集者，与世隔绝，他们繁衍后代，应该是通过乱伦的形式，至少是轻度乱伦的形式。然而，在莫斯科附近出土的两具大约 3.4 万年前的骸骨推翻了上述猜想。这两具骸骨埋在一起，他们死的时候，还是小孩子。通过对它们的DNA 进行检测，研究人员得出了一个惊人的结论：他们只是远亲。看起来，和今天的我们一样，德尔苏和其他北极的狩猎采集者部落也认为乱伦是一种禁忌，他们与遥远的部落保持关系以避免乱伦。

在他生活的集体内，德尔苏一定是个有政治地位的人。在北极的狩猎采集文化中，这一角色通常由年长的人担任。不过，仅仅是为了活到中年，德尔苏都需要克服重重困难。在很多古代的狩猎采集群体中，儿童死亡率经常居高不下，但在北极地区，情况可能特别惨。即使在技术更先进的北极狩猎采集群体中，儿童死亡率也高达40%，因此，在白令人中，一个孩子能否过10岁生日，那要看运气好不好。德尔苏自己很幸运，活到了成年，但如果他养育了小孩，他极可能遭受了丧子之痛。

在太阳河遗址，考古学家们发现了三具埋在地下的骸骨。他们生前都还是孩子。考古学家相信，有几个家庭多年来一直居住在这里，他们的住所，是简陋的棚屋，且随季节变动。但是，某一年，他们在小屋中央火葬了一个3岁大的孩子，从此一去不复返。也许，这是一种史前表达伤心欲绝的方式。

从某一时间开始，往南方迁徙成为可能，德尔苏就是最早可以往南迁徙的白令人之一。在长达1.5万年的时间里，800米厚的科迪勒拉冰盖阻挡了任何南下的移动。直到不久之前，大多数学者还认为，最早踏上新大陆的人是从加拿大中部抵达的，那是大约1.3万年前，在科迪勒拉冰盖和劳伦泰德冰盖（Laurentide ice sheet）的接壤处，沿着大陆分水岭融化出一条小径，这些人就是通过这条小径抵达美洲的。但是，就在最近，这个理论被永远推翻了，因为人们发现了更早的美洲人。在过去10年里，考古学家们在俄勒冈州和智利发现了大量人类活动的证据，这些证据可以追溯到大分水岭之路开通之前。现在，许多考古学家，包括俄勒冈大学考古学教授乔恩·埃兰德森（Jon Erlandson），都承认人类抵达美洲的时间至少是在1.6万年前。当时，唯一可行的路线是乘坐小船沿着加拿大西部海岸线艰难前行。最近对加拿大沿海巨石的调查证实，约 1.6 万年前，有几块巨石最早从冰盖中露头，这意味着，这里确实存在过一条路径。

我曾与埃兰德森讨论过上述沿海航行的可能性，他告诉我，他相信环绕在加拿大海岸西部边缘的繁茂的海藻森林不仅养活了白令人，还为德尔苏筑就了一条南下的路。埃兰德森的研究认为，这条"海藻高速公路"从白令陆桥开始，一直延伸到巴哈（Baja），它不只保证了德尔苏在航行中不至于饿死，也为他提供了继续前行的动力。

然而，德尔苏肯定不是一次出海就走完了整个航程。如此长的航程，需要大型远洋船只才能完成，而在白令陆桥，根本就没有建造大型船只所需的大树。相反，他的船可能就是在浮木或鲸骨框架上撑着几块动物皮，看起来有点像现代的皮划艇。这种皮划艇不可能支撑持续多日的航行，但德尔苏仍可以驾着它们，去捕鱼，打猎，划着桨穿梭在刺向海面的一根根冰柱之间。

德尔苏和最早的美洲人是如何踏上征程的，考古学家们已经大致拼凑出了一个结果。但是，他们为什么要去美洲？这仍是一个捉摸不透的问题。对今天生活在北纬 40 度以南舒适气候中的人来说，这似乎是显而易见的。但德尔苏没有地图，他无法知道，前方是不是一片无法逾越的冰天雪地，或是不是浩瀚无边的海洋，让他前功尽弃；而且，他也不知道，他要去的地方是否会远远不如他离开的地方。没有证据显示，这些白令人是被迫离开的，他们既没有遭受杀伐迫害，也没有濒临饥荒，何况，德尔苏出发之后的数千年里，北极狩猎采集群体在白令陆桥和阿拉斯加持续繁衍生息。

没有任何明显的理由迫使德尔苏离开，那么，对他为何进行航行最好的解释，可能也就不复杂了：这源于他的探索欲望。探索，似乎是现代人不务正业的追求，但证据表明，且不说探索欲望的历史比智人的历史长，但至少是智人的历史有多长，探索的欲望就存在了多久。德尔苏和他的同行者告别故乡，乘风破浪地离开了，很可能不过是因为他们想看看，地平线的那边存在着什么。

探索的欲望是进化需求的一个分支，人们想看到、发现世界的边缘，感受天地之大，将世界复制成模型，也想扩展世界的边界。这种欲望是刻在人类的骨子里的。我们没有理由相信，远古时期的人们中间出现的麦哲伦和尼尔·阿姆斯特朗会比现代社会少，他们中同样有这类人物。如果说有什么不同的话，那些未被开发的岛屿和从未有人涉足的大陆所带来的回报，可能会诱使他们进行更多的探索。起初，当考古学家发现类似德尔苏的危险航行的证据时，他们倾向于怀疑是有敌人，或是饥饿，迫使航海家们冒着生命危险启程。但对其他伟大的航海文化的细致重建表明，事实并非如此。

考古学家重新审视了一种叫拉皮塔（Lapita）的文化。他们发现，在这种古老的南太平洋航海文化中，远古时期的航海者们发现了多个岛屿，并移居到了岛屿上，而整个过程用了一代人的时间。拉皮塔文化的航海者们殖民岛屿的速度如此之快，以至于考古学家们现在相信，人类之所以甘愿冒着生命危险坚持不懈地探索，其根源就是人类有着探索未知世界的基本愿望。这是最好的解释。

德尔苏沿海岸航行的速度有多快？考古学家们尚不清楚。可能，他只用了一代人的时间，也可能，耗费了几代人的努力，也有可能，是德尔苏的子女一辈甚或孙子一辈，才突破了南部的冰川屏障。但不管是谁，当他们离开冰盖后，他们就会发现一个巨型动物的天堂，在这片从未有人涉足的伊甸园里，生活着狮子、骆驼、猛犸象、乳齿象、猎豹、马和重达 56.5 公斤的海狸，还有大秃鹰，等等。总而言之，当白令人初次踏上北美大地时，天上飞的，地上跑的，水里游的，共计有 90 种体重超过 45 公斤的不同物种生活在这里。但是，这些大型动物没能像非洲的大型动物一样与人类共同进化，相反，生活在伊甸园里的它们，没能适应、不会恐惧、从未做好准备面对新来的超级捕食者。因此，4000 年不到，它们之中除了少数几个物种，其余都被人类猎杀至灭绝。

这些新美洲人，以燎原之势在美洲各地繁衍生息了下来。这一过程如此迅速且彻底，以至于一些语言学家认为，加拿大南部的几乎每一种美洲土著语言都起源于同一种母语。尽管这一母语开枝散叶，形成了显著的语言多样性，但语言学家约瑟·格林伯格（Joseph Greenberg）和梅里特·鲁伦（Merritt Ruhlen）从流散在美洲各地的语言中发现了显著的相似之处，在这些相似之处的基础上，他们重建了一部分美洲原住民可能使用的母语，换句话说，也就是德尔苏使用的语言。尽管格林伯格和鲁伦的研究招来了很多批评，但我觉得他们的方法很有说服力，而如果他们正确的话，那么，由于美洲人口迁移的特殊性，德尔苏可能是第一个我们能理解其话语的人。所以，当德尔苏启程远航，行驶在冰川投下的阴影里，穿越惊险绝伦的北极海域，去寻找新世界，某一天，他与世长辞，我们也许知道他临终遗言中的一个字。

"死"。他说的"死"，听起来像"马基"（MA-ki），鲁伦说。

08

谁是第一个
喝啤酒的人？

如果将人类在地球上的历史比作一天，
这件事就发生在晚上 10 点 48 分（1.5 万年前）。

1795 年 9 月的一个早晨，英国皇家海军的"反抗号"（Defiance）上爆发了兵变。这艘装载有 74 门火炮的船不久前才从波罗的海航行归来，航程漫长，天气寒冷，但是，在船已经抵达了苏格兰爱丁堡附近港口的情况下，乔治·霍姆船长（Captain Sir George Home）却仍在给船员们喝掺了水的酒，"这种酒像轻纱一样稀薄，寡淡无味，根本无法御寒"，一位船员在后来报告时仍愤愤不平。一连喝了几个月不像样的酒，船员们极为不满，于是发起暴动，冲进了船长的舱室。

起义持续了两天，在另一艘船的介入下，最后被镇压。最终结果是，有 5 名船员被绞死。不过，这场因"薄如轻纱"的酒而引发的叛乱，远非酒精（乙醇）第一次驱使人类做出冲动的决定。根据遗传学家的说法，在很久很久以前，我们就开始追求酒精了，并且一发不可收拾，可谓持之以恒。

研究表明，大约在1000万年前，在古人类肠道酶的作用下，我们祖先分解酒精的能力有了显著的提高。一种可能的推测是，大概从那时候起，大猩猩、黑猩猩和人类的共同祖先开始更多地生活在地面上，他们吃从树上掉落的水果。这些水果经常已经发酵了，虽然吃了会晕晕乎乎的，但也很有营养。遗传学家认为，那些能够消化酒精的类人猿，还有那些能根据酒精的独特味道来寻找食物的类人猿，得到了自然选择的青睐。

不过，那时候的类人猿尚不是醉酒的状态。发酵水果中的酒精含量很低，所以它们仍是食品，而不是毒品。醉酒的状态要很晚之后才出现，那时，古人类已经学会了用浓缩的发酵水葡萄汁来酿造葡萄酒，并学会在蜂蜜中加水来酿制蜂蜜酒。葡萄酒和蜂蜜酒的配方非常简单，很可能在智人进化之前就已经制成了。

然而，无论是葡萄酒，还是蜂蜜酒，它们都未能像啤酒那样对社会产生巨大的影响。啤酒是由谷物酿造的，它的原料方便储存，并且可以提前锁定原料产地，还可以大量收获，这意味着啤酒可以有计划地生产。随着啤酒的发现，酒精在人类历史上第一次可以按需供应。以我们对酒精的刺激作用的了解，不难理解，为何啤酒的发现代表了人类历史上的一个关键时刻。然而，啤酒的发现有更深远的意义。谷物不仅是酒精的来源，同时也是一种食物，如今，全世界人类所需的热量，将近一半由谷物提供。此外，密集种植谷物引发了农业革命，人类社会从狩猎和采集向农业和畜牧业转变，这是人类社会的第一次转变，也是迄今为止最重要的转变。

最早的农民们，他们的劳作比狩猎采集者更辛苦，但他们的寿命更短，健康状况也更差，因此，许多学者长期以来的观点都是：没有人会自愿选择耕种。相反，他们相信，很多农民是被"诱捕"的，生活在美索不达米亚的狩猎采集者们被"诱捕"成为农民，犹如龙虾被诱饵诱惑到罗网里一样。吸引狩猎采集者成为农民的"诱饵"是什么呢？长期以来，人们都相信是面包，然而，越来越多的证据表明，"诱饵"并不是面包，而是啤酒。如此一来，第一个酿造啤酒的人，就成了人类历史上最重要的人物之一。

这人是谁呢？

我打算叫她奥西里斯（Osiris）。我认为，她是女性。因为，她是用小麦、大麦或黑麦的种子来酿造啤酒的，而在一个狩猎采集群体中，能够收集这些原料的人，更可能是女性。

奥西里斯出生于大约 1.5 万年前，她出生的地方，是中东某地的一个小村庄，很可能是一个像舒巴卡（Shubayqa）遗址那样的地方。舒巴卡遗址位于约旦东北部，2018 年，一个考古学家小组在那里发现了烤熟的谷物食品，这是迄今为止发现的最古老的烘焙类谷物食品。

奥西里斯生活的群体，考古学家称之为纳图芬人（Natufians），奥西里斯是这个群体的早期成员之一。纳图芬人一年四季住在同一个地方，是最早以这种方式居住的人类群体之一。不过，奥西里斯不是农民。直到 20 世纪 70 年代，大多数考古学家都认为农民是最早有长期固定住所的人，但事实并非如此。幼发拉底河流域及其周围的多处遗址显示：像奥西里斯这样的狩猎采集者，在开始耕种之前，已经在同一个地方生活了数千年。

根据遗传学家的估算，身为一个纳图芬人，奥西里斯可能有 152 厘米高，皮肤较黑，长着棕色眼睛和黑色头发。她的家是一个圆形的、一半在地下一半在地上的石头建筑，地基用石头砌成，围墙则是用木头组成。她所生活的村庄，就是由少数类似的建筑组成。舒巴卡的人口总数不到 200 人，然而，由于它常年有人居住，因此是当时世界上最大的城市之一。

奥西里斯会装扮自己，她戴着用小石头、贝壳和骨头做成的饰物。她用鸵鸟蛋壳做容器，用骨头做鱼钩和鱼叉，用石灰石做动物和人的雕像，并参加纪念逝者的宴会。考古学家发现了一个纳图芬妇女的墓，墓中有 86 片龟甲，他们推测该妇女是一名萨满，龟甲是她的陪葬品。

奥西里斯生活的时代和地点，气候宜人，物产丰富，可谓占尽天时地利。她的家乡远非今日这般干旱，附近德鲁兹山（Druze mountains）上经年不息的流水，时不时会让下面的平原变成湿地。原牛和瞪羚成群结队地去饮水，肥沃的高地上，植物繁茂，人们能收获豆子、杏仁和开心果。尽管考古学家们仍在争论为什么纳图芬人会定居生活，并形成固定的村落，但有一个最简单明了的解释：他们生活的地方，终年富裕丰饶。

定居生活带来了一个不可避免的后果：纳图芬人逐渐积累了一些又大又重的物品。如果他们过的是不断移居的生活，这些东西根本是不切实际的。这些"重型工具"包括收割设备和厨房用具，比如，磨石机、镰刀和150余升的石灰石大锅。他们开发了多种新的生活可能性，也掌握了更多新的食物来源，主要是收集和研磨植物种子，最终，他们开始酿造啤酒。

奥西里斯的日常生活，就是收集食物。她的村庄附近，有数量众多的水果、坚果和块茎作物。偶尔，她会收获小麦的野生原始种，但这可能不是她的主食，因为野生小麦成熟后，麦粒会喷落一地，她不得不每捡一粒，就弯一次腰。后来，人类在小麦植株中发现了使穗轴变得坚韧的硬轴基因突变（tough-rachis gene mutation），经过不断地、反复地选择，最终，人类培养出在成熟时种子包裹在麦麸里的小麦，从而改变了野生小麦的性质。但这是后来的事情了，在奥西里斯的时代，这些都还没有发生，其结果就是，收集野生小麦需要花费大力气，但能获得的热量"少得可怜"——这是古植物学家乔纳森·绍尔（Jonathan Sauer）的原话。因此，在发现啤酒之前，狩猎采集者们大多不屑于收集野生小麦，嫌太麻烦。

所以，奥西里斯虽然收集了小麦，但小麦可能不是她的觅食目标，她大概是在寻找其他食物时，偶然发现了一株罕见的小麦，这株小麦是硬轴基因突变长成的植株。于是，奥西里斯不再像平常那样从地上把麦子一粒一粒捡起来，而是像现代做法一样，一把摘下麦穗，一次就得到了很多麦粒。

有了麦子，奥西里斯可以给自己做点纳图芬式的稀粥。她又捶又打，把麦子的壳脱掉，然后把麦粒浸泡在水里，等着谷物淀粉变成糖浆。也许,她刚好那天运气好,在外出采集时收获了蜂蜜或水果,她就把这些加到粥里,让粥变得更甜。一旦她做出了一碗稀粥,就离啤酒不远了,接下来所需要的,只是一刻的健忘,零星几点误入碗里的酵母,还有中东地区的炎炎日光。

关于啤酒,有一种定义就是指馊了的稀粥。将稀粥变成啤酒的方法很简单,所需要的只是时间、热量,还有奇异酿酒酵母(*Saccharomyces paradoxus*)或酿酒酵母(*Saccharomyces cerevisiae*),这类酵母能将谷物中的糖转化为酒精和二氧化碳。奥西里斯很幸运,酿酒酵母无处不在。蜂蜜里就含有酿酒酵母,如果她为了让粥变甜而加了蜂蜜,糖的转化过程就一触即发。橡子中也含有酿酒酵母,所以,如果奥西里斯用同一个石器捣碎了橡子和小麦,也会启动转化过程。此外,昆虫也会携带酿酒酵母,假如奥西里斯把粥忘在了一旁,这时刚好有一只携带酿酒酵母的昆虫落在碗里,发酵过程就开始了。甚至,就连野生谷物自身也含有酿酒酵母,这是慕尼黑工业大学研究食品和啤酒技术的马丁·曹恩科夫(Martin Zarnkow)教授告诉我的,他说,如果奥西里斯愿意接受"劣质产品",她根本都不需要往粥里加任何东西。

不管是哪种情况,如果在炎炎夏日的某一天,奥西里斯忘记了她的粥,那么,只要一天时间,一个美妙的发酵错误就产生了。

奥西里斯会尝到什么味道呢?

旧金山安佳酿造有限公司(Anchor Brewing Company)的酿酒师斯科特·昂格曼(Scott Ungermann)告诉我,这种馊了的稀粥(如今人们叫它淡啤酒),因为受到了乳酸菌的污染,会有一种尖锐的酸味。如果在储存啤酒时，密封不到位，啤酒受到乳酸菌的污染，就会产生副产品：乳酸。一般来说，现代啤酒厂会竭尽所能避免这种污染，但也有不同情况，在生产一些带酸味的啤酒时，酿酒师会有意添加乳酸菌。如此看来，一些现代啤酒可能与原始啤酒的口感近似。

据昂格曼说，现代世界仍在生产的啤酒中，有一种与奥西里斯酿造的酒最为接近，这种啤酒叫"柏林白啤酒"（Berliner Weisse），它是一种无啤酒花的淡酸啤酒，《精酿啤酒与酿造杂志》（*Craft Beer and Brewing Magazine*）给出的评论是，柏林白啤酒是一种"令人耳目一新的奇遇"，"酒色朦胧，泡沫细薄，淡香沁人"。然而，与柏林白啤酒不同，奥西里斯的啤酒里，还漂浮着粒粒分明的小麦。在美索不达米亚象形文字中，人们喝啤酒时会用吸管，原因可能就是如此。

奥西里斯酿造的啤酒，其酒精浓度只有现代淡啤酒的一半，因此她不会喝醉，但她很可能已经意识到了酒精所带来的兴奋感，并觉得很享受。

于是，她会再做一次，并分享给众人。尽管采集野生的小麦、大麦和黑麦是极不划算的事情，但为了啤酒（而不是面包），仍是值得的。即便奥西里斯觉得不值，隔壁的邻居或许觉得很值。

以前，纳图芬人过着游牧生活，如果一个邻居是个麻烦精，他们只要搬走就可以了，简单得很。但对奥西里斯来说，此时的她已经拥有固定的房屋，家里储存着粮食，她需要保护自己的家，因此，一遇到麻烦就搬家，已经不再是个选项。其结果就是，考古学家从证据中发现，纳图芬人经常举办聚会，这种与现代街区聚会一样的活动，既是为了缓解紧张气氛，也是为了建立社会联系。在这种情况下，酒精，这种伟大的社交润滑剂，变得越来越重要。

为了酿造啤酒，奥西里斯和黎凡特地区的其他定居者会不断去收集野生谷物。古植物学家们推测，当他们带着谷物回家时，偶有谷粒会撒落在地上。一代人过去，又一代人过去，几世几代之后，小麦、大麦和黑麦开始在他们的村庄附近成片成片地生长。渐渐地，麦田成为有效且可靠的食物来源，这时候，纳图芬人开始照料麦田。他们除草，耕地，然后重新播种。最终，谷物这种原本低效的食物来源，发展成为可以大面积种植的、富有成效的、可密集生产的高热量食物。起初，人们可能只是偶尔照料下田地，后来，他们开始花大部分时间照料，再后来，就是全职照料。

相比狩猎采集生活，在同等面积的田地里种庄稼，能养活的人口大大增加。于是，纳图芬人的人口快速增长，他们原本的游牧生活方式已经无法支撑庞大的人口数量。经过几代人的耕种，纳图芬人再也不能回到以前的生活方式，除非，他们想尝一尝饥荒的感觉。对啤酒（最终是面包）的追求，可能就这样将纳图芬人及其后代锁在了一种完全不同的生活方式中。

推动农业革命的动力是啤酒，而不是面包，这一理论并不是新鲜出炉的。在20世纪50年代，考古学家们最先提出了这个说法，芝加哥大学的罗伯特·布拉德伍德（Robert Braidwood）就是其中之一。但在当时，人们几乎都嗤之以鼻。布拉德伍德的文章发表于1953年，对文章做出回应的有哈佛大学的植物学家保罗·曼格尔斯多夫（Paul

Mangelsdorf），他总结出了一个普遍看法："人类曾经是只靠啤酒活着吗？我们难道要相信，西方文明的基础是由一个营养不良的、永远半醉半醒的人奠定的？"

　　到底是啤酒？还是面包？学者们争执不休。但在 1972 年，长期争执不下的状态有了改变。当时，诺贝尔奖获得者、遗传学家乔治·比德尔（George Beadle）解开了玉米野生原始种的古老谜团，他的发现无意间打破了啤酒与面包之间的僵持局面。比德尔发现了另一个相同的案例，证明智人有能力驯化一种重要的食物来源以寻求酒精。这次是在世界的另一端。

　　在当今世界的所有农作物中，玉米可为人类提供的热量位列第三。然而，与小麦不同，驯化的玉米与几乎任何一种野生植物都不像。人工选择已经彻底改变了玉米，以至于玉米的野生祖先一直是一个谜，直到比德尔利用基因测试，证实了现代玉米起源于一种叫大刍草（teosinte）的墨西哥野草，这个谜才解开。比德尔的发现迫使人类学家重新思考了一个问题：纳图芬人当初采集谷物究竟是为了什么？如果说，采集野生小麦尚且可以做面包，但一个人，哪怕快要饿死了，他都不愿意去采集大刍草。

　　大刍草根本就算不上一种食物。它像玉米一样，也有穗，但是，如果没有一台显微镜，你根本就不知道它的穗在哪里。一枝完整的大刍草穗，能提供的热量还不及现代的一颗玉米粒。也因此，密歇根大学考古学家肯特·弗兰纳里（Kent Flannery）称之为"饿死人的食物"，而威斯康星大学植物学家休·伊尔蒂斯（Hugh Iltis）则认为，野生大刍草的保护壳"如此坚不可摧，以至于人类简直无法利用其谷粒"。伊尔蒂斯接着想到了一个问题："既然野生大刍草的谷粒被坚不可摧的保护壳结结实实地囚禁着，如此毫无用处的谷物，为什么还有人愿意费心去收集或尝试种植呢？"

答案是：酒精。

大刍草的谷壳很甜，所以有种推测是，当年那些生活在如今的墨西哥的人，可能会偶尔咀嚼大刍草的谷壳，当糖果吃。最终，大约在7000年前，他们开始收集大刍草的棒子，并将其榨成甜甜的汁水。一旦有了这种汁水，只需要给点时间，它就可以发酵成玉米芯酒。

于是，酿酒的人开始挑选更大更饱满的大刍草穗，并把它们的种子播撒在地里。如此，大刍草的穗自然就越长越大。但是，这种人工选择进行了至少3000年，大刍草才能结出5厘米长的穗，也就是在那个时候，它才开始真正被当作食物。

由于驯化的小麦、大麦和黑麦在基因上与它们的野生原始种相近，所以自然选择的作用快得多，它们很快就成了产量很高的食物。然而，证据和人类的本性表明，它们由野生植物变成农作物的过程是以同样的方式开始的：有人发现某种植物可以产生酒精。

到底谁是第一个喝啤酒的人呢？在古埃及，人们有一个答案。古埃及人至少酿造了17种不同的酒，他们甚至给酒分别贴上了品牌，如"天堂之美""欢乐使者"等。他们相信，啤酒是仁慈善良的阴间之王奥西里斯送来的礼物。在他们的信仰里，奥西里斯用水和发芽的谷物做饭吃，结果却把它忘在了阳光下，等到第二天发现时，食物已经发酵了，但他还是把它喝了。故事里说，奥西里斯喝完之后，感觉极为舒畅，于是把它作为礼物传给世人。人类喝啤酒的历史，的确是这样发生的，只不过，那是比第一个埃及象形文字还早近 1 万年的事了。

只不过，我们的奥西里斯不是冥王，她可能只是一个生活在中东的、忘记了自己的午餐的年轻女子。

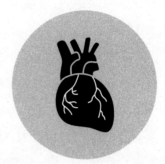

09
谁是第一个
做手术的人？

如果将人类在地球上的历史比作一天，
这件事就发生在晚上 11 点 27 分（7000 年前）。

1865 年，在秘鲁的一个小镇库斯科（Cuzco），一位富有的收藏家安娜·玛里亚·森特诺（Ana María Centeno）向美国外交官乔治·斯奎尔（E. George Squier）展示了一件她偶然获得的藏品。藏品是一个耐人寻味的印加人头骨。从各个角度看，这都是一个极其普通的头骨，只不过，它的耳朵上方被切开了一个洞，洞口很大，呈长方形，切口整齐，不可能是由战争武器或动物牙齿造成的，似乎是有人着意雕刻了一扇窗户，来窥视大脑。

对考古学家来说，森特诺的藏品不算稀奇，他们也见过一些被刻得奇形怪状的头骨，不过，他们一直以来都认为头骨上的伤口是可怕的战争造成的，或是人死之后有人动过尸体的头骨。但是，斯奎尔提出了一个完全不同的理论，听起来不可思议：切开头骨，不是为了杀人，而是为了救人。

森特诺发现了藏品，而自学成才的斯奎尔，可谓是解释其藏品的完美人选，这与他的独特经历分不开。他是美国外交官，一位满腔热情的爱国者，而他对考古的热爱丝毫不亚于对外交事业的热爱。所以，1863年，当亚伯拉罕·林肯任命他解决美国与秘鲁的财政纠纷时，他利用了这个机会，进一步探索新大陆古代文化的复杂性。可以说，斯奎尔的性格和知识背景，让他在看到森特诺的头骨藏品时，一眼就看出了头骨的价值：它是一个古代医学天才的范例。

斯奎尔把森特诺的头骨藏品带去给保罗·布罗卡（Paul Broca）研究。保罗·布罗卡是法国人，既是外科医生，也是人类学家，备受业界尊敬。当斯奎尔听到布罗卡的结论时，他都震惊了。布罗卡宣称，有一位古代外科医生给头骨的主人做了手术，不仅如此，根据伤口边缘的骨骼生长情况判断，做完手术后，头骨的主人还活了很久。

森诺特的头骨藏品上进行的手术被称为颅骨穿孔，但还不是脑部手术。在进行颅骨穿孔手术时，医生会切除一块头骨，但不能穿透脑膜。如果古代医生用未经消毒的工具碰到了大脑皮质，病人很快就会死于感染。布罗卡判断病人在手术结束后活了下来，说明这位古代外科医生在切开头骨后就立刻停止了。

布罗卡的声明既震惊了医学界，也震惊了考古界。毕竟，在当时的欧洲，接受了现代颅骨穿孔手术的病人，都有三分之二的死亡率，而这个远古时期的印加人，接受了一个医生用石刀给他的颅骨穿孔，竟然还活了下来，简直不可思议。而且，他并不是唯一一个远古时期外科手术的成功案例。考古学家们开始对之前在欧洲和俄罗斯发现的头骨进行重新分类，将有颅骨穿孔手术特征的头骨单独分为一类。1996年9月，在法国东部的昂西塞姆市（Ensisheim），考古学家们发现了"44号埋葬者"（Burial number 44），这是一具保存完好的男性骸骨，该男子去世时大约50岁，他在生前接受了颅骨穿孔手术，并且还是两次。坟墓里的陪葬品显示，他的死亡时间在7000多年前，因此，这名老年男性的头骨成了有史以来发现的最古老的外科手术证据。在外科手术的行话里，一台新手术的第一个切口，被称作"第一刀"（first cut），"44号埋葬者"的头骨就是个考古遗址，显示了智人的"第一刀"所在的位置。

是谁做了这台手术呢？

我称他为"零号医生"（Dr. Zero）。为何是"他"呢？因为有证据表明，外科手术是在新石器时代的欧洲出现的，是当时欧洲新社会等级制度的直接产物，有能力和权力做手术的人，可能是当时的男性政治权威人士。

大约7000年前，零号医生出生了，他生活在一个学者们称为线纹陶文化（Linear Pottery culture）的环境中。他是农民，也是牧民，居住在一个定居性质的村庄中。村庄位于现在的法国东部，在莱茵河岸，距离现在的德国只有几英里① 远。他是西欧最早的农民之一，但他和他的祖先都不是早先生活在欧洲的狩猎采集者。对古代DNA的研究已经基

---

① 英制长度单位，1英里为1.609344公里。——编者注

本确定了一个事实：当农民移居欧洲后，他们驱逐或消灭了当地的狩猎采集者，而不是同化他们。

零号医生的集体，可谓是当时农业运动的先驱。他们种植小麦、豌豆和扁豆，放牛，偶尔猎鹿。莱茵河形成的冲积平原，以及废弃的河道周围，全是肥沃的土地，农民和牧民就在肥沃的土地上耕种劳作。他们的村庄由几座长长的房子组成，这些房子大约有 30 米长，用巨大粗壮的橡木做柱，茅草屋顶斜斜地下倾，用成排的椽子架着。

零号医生身材矮小。那个时期，在他生活的地方，男性的普遍身高在 165 厘米左右。他的饮食不均衡，谷类食物太多，其他食物太少，以至于他很难长高，牙齿也长得不好。他可能是第一批皮肤白皙的欧洲人，DNA 显示他很可能长着棕色眼睛，一头黑发，并且有乳糖不耐受症。由于他的食物依赖于几种特定的农作物，因此，一旦发生洪水、干旱和疾病，他的生存就受到威胁。饥饿是一个永恒的风险，他的健康状况很糟糕，身体比生活在他不远处的狩猎采集者们差远了，毕竟，狩猎采集者们的食物更加丰富多样，得益于多样化的饮食，他们的身体更加强健。

零号医生使用的工具都是自己动手做的，所用的材料都是石头、木头、筋和其他有机材料。石斧板磨得锋利，装上木柄，就是砍树用的扁斧；燧石和黑曜石磨薄削尖，就可以做成刀子和箭头。今天，考古学家们将他生活的时代称为欧洲新石器时代，这是欧洲大陆上第一个农民的时代。

零号医生一定是集体里的权威人物。正如斯坦福大学考古学教授约翰·瑞克告诉我的："一个人要说服某人相信在他的头骨上钻洞是个好主意，那个人必须有一定程度的权威。"

我问瑞克，为什么没有零号医生之前的人类手术的证据，他告诉我，"权威"的概念（除了纯粹的体形大小），是智人历史发展的新产物，出现的时间相当晚了。我们对某人专业知识的现代信念源自人类学家所谓的专业化。如今，对他人权威的信任构成了大多数职业关系的基础，但这是一个相对较新的概念，直到农业发展到人们开始生产多于个人所需的粮食之时才产生。粮食有了盈余，一些社会成员就能够专攻不同的领域，如军事、管理或医学。农民的生产效率越高，从粮食生产中解放出来的人就越多，人们从事的行业也就越来越细化。

由狩猎采集向农牧业的转变，也标志着财富概念的起源。人类历史上第一次，一个人可能拥有比别人更多的东西，比如，更多的牛，或者更多的庄稼。昂西塞姆的坟墓中，30%的墓里有精致的贝壳头带、项链和工具，其余的墓则空空荡荡，一无所有。考古学家认为，墓里的陪葬品就是证据，它们表明，在昂西塞姆，有一部分人比其他人更受尊重，如果说不是纯粹因为他们更为富有的话。瑞克告诉我，农业导致收入不平等，如果有人收入比你多，你势必会相信他们知道的东西也比你多。瑞克认为，一方面是贫富差距，另一方面是日益专业化的职业，在二者的共同作用下，权威的概念出现了，并且快速成形。

外科手术的出现，正是由于上述权威的形成，而非工具改革或智力发展的原因。在农业革命之前，并没有最高权威，这大概解释了为什么考古学家尚未发现确凿的证据，证明农业革命之前有外科手术的存在。

但仍有一个问题：即使零号医生是权威人物，可以做手术，他为什么要这么做呢？发现有穿孔手术迹象的头骨之后，好几年里，考古学家们都一直认为，零号医生和其他古代的外科医生不过是一些江湖医生，或是好奇心太重的屠夫，毕竟在现代外科手术之前，有一段漫长而肮脏的医术史，那些江湖医生系上围裙，拿着手术刀，伪装出一副专业人士的样子，背地里却是一副道德败坏、无知愚昧的嘴脸。

这本来可以是一个简单明了的解释。然而，世界上还发现了很多颅骨穿孔的头骨，光是数量，就足以让上述解释站不住脚。考古学家们在欧洲、大洋洲和南美洲都发现了钻过孔的头骨，时间跨度长达7000年。如果只有零号医生做了手术，或者手术只在特定的时间或地点进行，那么，就很容易理解他的动机，要么是基于特定的宗教信仰，要么是某种改变身体的激进做法，就像缠足或拉长脖子一样。但是，这种古老的手术发生在彼此毫无关联、几乎没有共同点的文化中，这就排除了当地风俗习惯的原因，需要更全面的考量。正如医学史学家普林尼奥·普里奥雷斯基（Plinio Prioreschi）所言："这是一种根植于经验和需求的活动，而所有地方的史前人类都有同样的经验和需求。"

零号医生究竟是出于什么动机而切下了"第一刀"？对此，不能只考虑他生活地区的风俗习惯，我们需要一个更具普遍性的解释。考古学家约翰·维拉诺（John Verano）是《脑袋上的洞》（Holes in the Head）一书的作者，他提出了一个相当激进的观点：这些古代外科医生是在实践"良药"（good medicine）。

如果"良药"是指有效的治疗方法，那么它被认为是一个颇为新鲜的发展，产生的时间并不长。20世纪初期，哈佛大学生物化学家、医学史学家 L. J. 亨德森（L. J. Henderson）曾宣称："在这个国家，在1910 年到 1912 年间的某个时候，如果随机选一个患者，随便他患什么病，然后让他随机选一个医生来诊断，他的病治好的可能性略大于治不好的可能性。人类历史上第一次，医学达到了如此高的水平。"

外科手术的历史更惨。

威廉·基恩（William Keen）是一位联邦军队的外科医生，据他计算，一个患者在城市医院接受治疗，比他去参加葛底斯堡战役还要危险7倍。就在布罗卡宣布那个古代人在颅骨穿孔后幸存下来的当年，伦敦的医生在做同类手术时的患者死亡率达 70%。因此，倘若说零号医生用药精准，手术技术良好，这就与大多数已有文字记录的医学史背道而驰了。但是，他实施的手术，的确仍在挽救今天人们的生命。这种手术名为开颅术，当伤者头部受到严重损伤导致颅内出血时，医生就会采取这种措施。因为伤者大脑会不断膨胀，颅内压力持续增加，以至最终大脑会因氧气过多而停止活动，而此时，唯一能减轻压力的方法就是切除一部分颅骨。

在目前的考古发现中，颅骨穿孔的头骨数量最多的是在秘鲁。根据维拉诺的研究，在秘鲁发现的颅骨穿孔的头骨中，超过一半的头骨上有穿孔前骨折的迹象，但这个数字可能被低估了，因为在穿孔的过程中，碎掉的骨头一般都会被移除。此外，这些伤者主要是男性，而且穿孔的地方更多的是在头部左侧，这表明大多数伤者是在战斗中受到了右撇子敌人的重击。这些即使是间接证据，但也有力地说明了印加人外科医生主要是在伤者遭遇颅脑外伤时进行颅骨穿孔手术。

零号医生应该对头部伤口很熟悉，尤其是那些由扁斧造成的伤口。令人困惑且不安的是，在欧洲新石器时代早期的人类群体中，乱葬坑相当常见，同样常见的还有因钝器造成的头骨伤痕。在德国塔尔海姆（Talheim），一座有7000年历史的坟墓里，堆满了34具骸骨，男性、女性、儿童都有，其中14人都是因头部遭到重击而死。奥地利的施莱茨－阿斯彭墓穴（Schletz-Asparn grave）埋葬了300多具尸体，德国赫尔克斯海姆（Herxheim）的一个墓穴里有500多具。而位于法国特维奇岛（Ile Tévic）和丹麦维德拜克（Vedbaek）的新石器时代早期公墓，还有瑞典的斯卡特尔摩1号墓（Skateholm I），足以让研究者们做出一个全面的死因数据统计，相关数据表明，多达15%的新石器时代欧洲人死于暴力。以上都是证据，说明战争和屠杀在古代是一种普遍存在，而这意味着，零号医生肯定很熟悉那些可怕的头部伤口。

骨头粉碎，头皮扯裂，血流如注，可能就是在清理头部创口的时候，颅骨穿孔手术的灵感悄悄萌发了。当零号医生熟练地从一团模糊的血肉中捡出颅骨碎片时，他可能首先观察到了一个情况：皮质受伤会导致死亡，无一例外。接着，他可能注意到，那些颅骨受伤并凹陷进去的患者出现了一系列症状，包括呕吐、神志不清、失去语言能力、身体部分瘫痪等，这些症状不断恶化，最终伤者死亡。与此相反的是，那些颅骨上是开放性伤口的伤者，更多的恢复了健康。

最终，零号医生肯定发现了一个重要的联系：在头部严重受伤的情况下，颅骨上有一个洞实际上增加了伤者存活的机会。于是，当他再一次遇到伤者出现上面那些可怕的症状时，他做了一个常人无法想象的大胆决定：自己动手在伤者颅骨上钻一个孔。而这，正是当今世界的医院会采取的措施。

外科医生握着手术刀，刀刃划开病人皮肤的那一刻，一种复杂的感觉油然而生，惊险、紧张、激动、兴奋，即使是在现代的手术室里，医生也会有这些感觉。而一旦医生手中的手术刀穿过了病人的皮肤，他们就会全身心地投入手术，他们切下去的每一刀，都伴随着一种坚定的信念：尽管手术也会严重伤害身体，但动手术的结果最终要好于不动手术。

零号医生切下了人类的"第一刀"。他所使用的手术工具，应该是削尖的燧石，或是磨薄的黑曜石刀片，这两种工具都可以达到现代手术工具的锋利程度。首先，他会切除一部分头皮，血流汩汩，疼痛难忍，但切除过程是很快的。切除头皮后，他就可以着手对付颅骨，此时，病人的疼痛会减轻，因为颅骨里没有神经。事实上，颅骨穿孔之所以能在古代成为一种常见的手术，原因就是它相对容易，无论是对医生还是对病人，要求都不高。对器官或软组织进行手术会导致大量出血，并有严重的感染风险，相较而言，给颅骨钻孔算是简单的手术了。

维拉诺指出，古代外科医生切开颅骨的方法有好几种，而从存活率来看，最成功的方法是"刮剃法"（shaving method）。零号医生并不是一上来就钻透颅骨，因为这样极可能一下就会穿破硬脑膜，相反，他会一点一点地削下骨头。

当零号医生终于在头骨上开好洞后，呈现在他面前的，是一堆果冻状的物质，那是一些已经凝固的、半硬化的血液（专业术语叫硬脑膜下血肿），正压迫着硬脑膜。零号医生清除掉果冻状的血液，硬脑膜受到的压迫就解除了，这时，发生了戏剧性的一幕：伤者大脑皮层里的神经元一下子充满了活力，神智混乱、麻痹瘫痪和口齿不清的症状消失了，目睹这一过程的人都会相信，他们见证了奇迹。不过，与现代开颅手术不同的是，零号医生做完穿孔之后，无法用钛板修补颅骨，于是，伤者就顶着一个瘪了的脑袋，离开了手术室。但是，伤者的头皮最终会愈合，因此，一些病人在术后还活了好几年。

从长远来看，颅骨穿孔手术的成功，也在某种程度上成了它的诅咒，因为，一个鲜明的事实是，它很快就被过度使用了。一些头骨显示，在治疗某些类型的头痛时，外科医生也实施了开颅手术，但这些症状本来并不需要在头上钻个孔。在秘鲁，考古学家们发现了一具儿童的骸骨，她的颅骨有孔，但考古学家们根据其颅骨内炎症遗留的痕迹判断，她只不过是患了中耳炎。这个孩子当时经历的剧烈疼痛，激发了医生做开颅手术的念头，他也的确切开了感染部分的颅骨。然而，不幸的是，颅骨穿孔不仅没有起到治疗效果，还让她的病情严重恶化，因为颅骨上的孔让炎症蔓延到了硬脑膜，可能引发了致命的细菌性脑膜炎。孩子的头骨上，没有骨头愈合的痕迹，这说明，她没从手术中存活下来。

但是，即使零号医生有完全正当的理由、在完全必要的情况下进行了开颅手术，从长远来看，他的很多患者术后恢复的前景也不完全乐观。即使伤者能从手术中幸存下来，需要开颅手术来拯救的致命性颅骨骨折，仍会对幸存者产生持久的影响。根据 1985 年在《神经病学》杂志上发表的一项研究，在颅脑穿透伤病人中，超过一半的病人患上了癫痫。癫痫发作可以解释为什么零号医生对他的病人进行了第二次颅骨穿孔，然而，很不幸，颅骨穿孔对癫痫无效，病人最终死亡。

零号医生行将就木。他去世之后，群体成员应该给他举办了郑重的葬礼，也可能给他放了陪葬品。一般说来，典型的陪葬品是头带、项链、工具等，但昂西塞姆的市民们可能给零号医生选择了一件与众不同的陪葬品：一片磨得锋利的黑曜石。这是历史上第一把手术刀。

10

谁是第一个骑马的人？

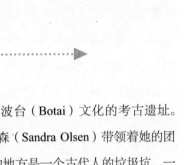

如果将人类在地球上的历史比作一天，
这件事就发生在晚上 11 点 33 分（5600 年前）。

在哈萨克斯坦北部，有一处名为波台（Botai）文化的考古遗址。2006 年，动物考古学家桑德拉·奥尔森（Sandra Olsen）带领着她的团队在遗址处采样土壤进行测试。采样的地方是一个古代人的垃圾坑，一群人挖着挖着，挖到了一个"金矿"（对马匹历史学家而言）：一层厚厚的、有 5600 年历史的马粪。

所有人类文化中，无论过去还是现在，没有一种文化会费心去处理野生动物的粪便，因此，可以说，奥尔森发现了人类驯化马的第一个证据。一个堆满马粪的波台文化的垃圾坑，相当于一个装满猫狗粪便（但没有熊粪）的现代人的垃圾桶。在遥远的未来，如果有历史学家挖出了现代人的垃圾桶，他们会得出结论，我们会养猫养狗，但不会养熊。

波台文化遗址里的古老马粪是人类驯化马的最古老证据，但许多研究人员仍持怀疑态度，他们认为，波台人应该是从更早发展起来的放牧文化中获得了马。这些更古老的牧民生活在波台人的西边，他们有驯养动物的历史。然而，究竟是谁最先驯养了马，这仍是一个悬而未决的问题，学者们尚在争论不休。

不过，人类最初是出于何种目的而驯养马，已有定论：并不是以此代步，而是寻觅食物。马肉和马奶是人类的食物来源，而且，在高寒地带的草原文化中，马备受偏爱，因为它能够用嘴拱破冰雪，吃到覆盖在下面的青草，但羊和牛没有这个能力。没有证据表明第一批驯养者曾骑过马，大概是因为他们根本没有控制马的措施。他们没有马鞍，没有马镫，更要命的是，没有辔头。骑马这种运动，如果没有任何掌控转向或令其停止的措施，肯定会成为一个瞬间就结束的体验，大概率还会附带体验一下骨折。偶尔，在特技表演中，我们会看到完全对马不施控制的场面，然而，事实上，骑马不用缰绳，就像骑摩托车不握把手，兴奋是兴奋，发生交通事故是分分钟的事。

但波台人改变了这一点。

2009 年，在波台考古遗址工作的人类学家大卫·安东尼（David Anthony）有了新发现。他发现了一副马牙，牙齿磨损的形状引起了他的注意。从此，这副马牙就在人类交通史上占据了一席之地，在它的旁边，是尼尔·阿姆斯特朗在月球上踩下的靴印，是第一个轮子在德国某条路上印下的车辙，它与车辙和靴印一起，成为人类交通运输史上具有里程碑意义的物证。

安东尼后来确定，马牙上浅浅的磨损（相当于从马的前臼齿上刮下一点碎屑），正是由于缰绳不断摩擦造成的，这种磨损相当独特，只有马在摆动缰绳时才会引起。

月球上的脚印、远古时期的道路，听着就是壮举，与它们相比，磨损的马牙似乎不值一提。然而，磨损的马牙也是证据，它们表明，人类历史上第一次，有人在陆地上穿行的速度超过了双腿所能达到的极限。

因此，发明马嚼头的人，不是改善了陆地交通，而是发明了陆地交通。

那么，谁是第一个骑马的人呢？

我打算叫他拿破仑。这是为了纪念波兰生理学家拿破仑·齐布尔斯基（Napoleon Cybulski）。齐布尔斯基最先提取出了肾上腺素，肾上腺素的小分子在产生骑马的灵感中，可是发挥了不小的作用。

大约 6000 年前，拿破仑出生在哈萨克斯坦北部。那时，从他的出生地往西几千英里处，人类已经开始铸造青铜器，早期的城市已具雏形，书吏们甚至已经开始在泥板上刻下一些原始文字。然而，所有这些，拿破仑都从未见识，也从未耳闻。他是波台人，他们的文化对马有一种极端固执的迷恋，这在人类文化中相当独特。拿破仑一开始并没有圈养马匹，他四处走动，猎取野马。马肉、马奶，构成了他的饮食的主要部分。早上，他会喝一碗马奶，剩下的就放着让它发酵，到晚上时，早上剩下的马奶已经变成马奶酒，他就把这浓烈的酒精饮料喝下肚。拿破仑不种庄稼，也不养动物，除了狗。他用马骨做工具，用马毛做绳索，用马皮做皮革，而一旦他死去，他的家人会把他葬在一匹马旁边。

安东尼说，如果拿破仑在发明嚼头之前骑过马的话，大概率的情况是他只骑了短短的一会儿，而且骑的过程估计像是在做牛仔特技表演。这种冒险的事情，往往是那些前额皮层尚未发育完全的青少年会干的，如果拿破仑生活在现在，他肯定非常熟悉医生办公室的内部陈设。心理学家对此的表述是，他对新奇的情况过度兴奋，而普通人则会说，他就是个肾上腺素摄入过多的瘾君子。

尽管骑起来非常危险，但拿破仑骑的马，可能已经是驯养的马了，经过数千年的人工选择，它们已经变得驯服，适应了人类。虽然，学者们尚不清楚这一过程究竟是何时、何地、如何开始的，但大多数古动物学家现在认为，驯化最初是偶然完成的。当时的草原文化中，人们为了获得稳定的肉类供应，会把野马关在营地附近，渐渐地，由于"绑架者们"会先杀掉那些极为暴躁无法控制的马匹，同时会饲养那些性情温和的个体，这一物种也就变得越来越温顺。

驯化在动物界极为罕见。

地理学家杰瑞德·戴蒙德（Jared Diamond）认为，一种动物只有同时具备六种不同的行为特征和生物学特征时，驯化才有可能。第一，它不能与人类竞争食物，它必须只吃人类剩下的东西（像猪一样），或者更好的是，它只吃人类不能吃的东西（比如草）；第二，它在圈养的条件下能够繁殖，如果一种动物像猎豹一样，很长时间才交配一次，或者需要广阔的地盘，驯化是不切实际的；第三，它必须在短时间内就成熟，这样人类才能有效地饲养并从它身上获益；第四，它必须是一种有社会等级的群居动物（比如狗），群居动物的秉性易于屈从，这是写在它们基因里的，而人类借此可以神不知鬼不觉地扮演领头羊的角色；第五，它不能极易受惊，也不能有强烈的逃跑本能，因此，像鹿这样的动物就被排除了；第六，它要么天生性情温顺，要么能够培育出温顺的性情。斑马就是个反面例子，它天性争强好斗，尽管人们已经进行了选择性繁殖，但仍旧无法控制它的好斗性情，因此，它无法成为潜在的家养动物。考古学家们猜测，人类可能多次尝试过驯服斑马，最终都无功而返。

六种特征的结合极端罕见，人类驯化成功的动物屈指可数即是证明。时至今日，世界上大部分的肉类仍旧只来源于3种驯化动物。即使在驯化马的案例中，驯化之所以成功，可能只是人类运气好，碰到了一只异常温顺的公马。有了温顺的公马领头，母马们自然而然地跟上来，成群结队地走向人类的栅栏。而与此同时，其他野生的公马并不会跟过来，它们斗志昂扬，为了母马，彼此争得头破血流。在野生公马的基因设置里，默认选项是它们要么会寻找一群母马，要么是领导一群母马，它们根本不会轻易被带到畜栏里。对现代马的基因测试表明，虽然驯化的马是由很多野生母马繁殖而来的，但相当于"亚当"的公马，却只有一匹。这匹马大概性情温和沉静，风度翩翩，也正因为如此，它在野生环境中很可能没获得过几次成功的交配，然而，世事难料，当它进入早期人类的马圈后，却桃花运爆表，混得风生水起。

到了拿破仑生活的时代，马已经被驯养了不知多少代了。但是，由于人们无法控制马匹，因此，在拿破仑发明镳头之前，马匹只是人们食物和材料的来源。

第一个马镳头应该采用了一种最简单的形式，也就是现在所谓的

"战马辔头"（war bridle）：一根皮带，缠绕住马的下颌，用一块木头固定住。这个巧妙的发明，可以毫不费力地控制马，多亏了马的生理构造。在马的前门牙和前臼齿之间，有一处缝隙，这处缝隙中刚好可以塞进一条皮带（现在是马嚼子）。皮带紧贴着马的牙龈，每次人一拉扯，皮带就会勒住牙龈，马为了减轻疼痛，就会反射性地把头和身体转向牵拉的方向。

上面说的这种辔头，无疑只是一个简单的工具，但它的作用非常大。生活在大平原上的美洲原住民，就在骑马时只用"战马辔头"，而从不使用马鞍，他们也因此跻身世界上最厉害的骑手之列。

"战马辔头"形式朴素，设计简单，因而掩盖了其概念上的复杂性。拿破仑可能在自身安全方面很愚蠢，但论起对马的了解，他称得上是一个天才。我们分析了他可能会比较熟悉的动物，但没有发现其他动物身上有明显类似于马辔头的东西。马辔头不太可能是从牛或羊身上复制过来的，因为它们的嘴部结构都和马不一样。因此，拿破仑究竟是怎么想到这个主意的，我们不得而知，只能永远猜测了。他可能拿着一根绳子，左搞右搞，尝试了各种各样的方法，也找遍了马身上的各个地方，最后才发现了前门牙和前臼齿之间的缝隙，这个独一无二的、天造地设的缝隙终于让他可以控制自己的坐骑。也许，对拿破仑的发现最合理的解释就是，他对马的身体结构具有解剖学意义上的深入了解。因此，即使在一个以迷恋马而闻名的群体中，拿破仑或许也是鹤立鸡群的那个人。

拿破仑的尤里卡时刻 ① 在人类交通史上的重要作用无可替代，无法超越。看起来，他发明了"刹车"，实际上，他发明了"速度"。正是因为他恰到好处地放置了一根绳子，从此人类移动的速度由慢至快。5000 年来，骑马始终是人类在陆地行驶的最快方式，直到 1830 年 8 月 28 日，蒸汽机车"大拇指汤姆"（Tom Thumb）号的出现，才打败了骑手，超越了拿破仑开启的时代。

　　毫不奇怪，速度显著地改变了草原上的生活。

　　安东尼认为，起初，波台人开始骑马是为了猎马，骑马明显能提高他们的物质生产力。而与此同时，骑马也显著改变了他们的文化结构。16 世纪，西班牙人把驯养的马引入美洲，此举引发了一场大平原地区美洲原住民之间的骑马军备竞赛。1851 年，一位在美国西部进行贸易的商人写下了这样的文字："即使在游戏规则最公平的国家，靠脚行走的人也无法生存，他们无法与拥有马匹的人共同生活在同一片营地。因为拥有马的人，获得了生存游戏的主动权，他们可以确保自己想要收获的东西，并且把生存游戏推到了一个靠脚行走的人根本无法企及的位置。"

　　马和它带来的速度，对草原上的居民有另一个更为隐蔽的影响。在拿破仑发明马辔头之前，一次突袭行动中最危险的部分是逃跑。突袭者可以出其不意地袭击目标，并劫走物品，但是，面对全副武装、燃烧着复仇之火的敌人，如何能够在携带物品的情况下，靠双脚安全撤退，成

---

① 据说阿基米德洗澡时福至心灵，想出了测量皇冠体积的方法，因而惊喜地叫出了一声："Eureka！"从此，有人把凡是通过神秘灵感获得重大发现的时刻叫作"尤里卡时刻"。

了一个严重的问题。安东尼说，因为马镫头，马成了世界上第一种可以供人逃走的交通工具，也因此打破了原有的力量平衡，对袭击者来说，拥有马，他们就可以在力量角逐中胜出。

如此一来，危险和破坏性的后果就出现了。因为没有书面记录，我们很难确认在拿破仑之后，中亚地区的突袭行动是否有所增加，但有一个情况是，草原居民在开始骑马后，为他们的村庄增加了精心设计的防御墙。骑马和防御墙出现的时间如此同步，不由得让人心生疑问。可以说，生性爱冒险的拿破仑发明了马镫头的同时，也许同时也发明了一种偷盗许可证，而大草原上的生活可能就此发生了不祥的转折。

起初，骑兵们只是把马当作交通工具，他们骑着马往返战场，但并不骑着马打仗，这主要是因为当时的武器无法在马背上使用。俄罗斯大草原上的辛塔什塔文化（Sintashta culture）花了将近 1000 年的时间才发明了战车。后来，弓的革新使成吉思汗的骑兵能够骑着马射击，曾经，在亚欧大陆上，成吉思汗的名字就等同于恐怖。从拿破仑生活时期的突袭，到二战初期波兰骑兵在克罗扬蹄的冲锋，近 6000 年的时间里，马都在战争中持续扮演着强大得令人生畏的角色。

然而，要说马镫头给社会带来的最大变化，那也许是资源的重新分配，以及阶级、地位和等级社会的崛起。同样是放牧，一个骑马的牧民可以控制的羊群和牛群的数量，大概是一个步行的牧民可控制数量的两倍之多。因此，在放牧文化中，所有权、权力和财富开始逐渐集中在少数人手里。考古学家们发现，在马镫头出现之后，精美的墓葬品显著增加了，而这是收入不平等的主要考古指标。

拿破仑自己,最终也进了一个有精美的墓葬品陪着他的坟墓。也许是一次"急刹车",造成了他的悲剧。当拿破仑发明速度的时候,他没有想到,他不仅发明了一种新的生活方式,他还发明了一种新的死亡方式。在人类进化过程中,自然选择让人们会怕蛇,会恐高,然而,自然选择尚未让人类进化出对速度的恐惧。因此,拿破仑对自己的发明没有足够的风险意识,对新的死亡威胁也毫无思想准备。故事的结局可能是:拿破仑,这个敢于冒险、热衷于炫耀的天才,在某次骑着马在草原上风驰电掣时,摔了下来。第一个发明速度的人,最终也许是速度的第一个受害者。

11

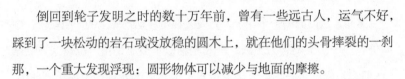

谁发明了轮子?

如果将人类在地球上的历史比作一天,
这件事就发生在晚上 11 点 35 分(5400 年前)。

倒回到轮子发明之时的数十万年前,曾有一些远古人,运气不好,踩到了一块松动的岩石或没放稳的圆木上,就在他们的头骨摔裂的一刹那,一个重大发现浮现:圆形物体可以减少与地面的摩擦。

人类的这一顿悟时刻,具有一种必然性,它也解释了为何滚筒(其实就是放在重物下的圆木)在古代人类社会中普遍存在。埃及人和美索不达米亚人建造金字塔、运输重型设备,就是靠滚筒,而波利尼西亚人把摩埃石像移动到复活节岛上,也是靠滚筒。但是,滚筒的效率不高,在向前挪动物体时,必须不停地一根一根换,即使把它们固定在物体下方,它们与地面产生的摩擦力仍会让移动物体成为一项极其艰难的工作。这一难题最终有了解决方案:轮轴。不得不说,轮轴的发明简直是人类历史上的辉煌时刻,犹如光猛然照亮黑暗。然而,尽管古代的滚筒随处可见，但似乎没有任何地方的任何一个人想到发明轮子和轮轴，直到大约 6000 年前，一个独具慧眼的陶匠实现了这个伟大的发明。

到目前为止，考古发现的最古老的轮轴不是在马车上，也不是在手推车上，而是在美索不达米亚一个陶匠的工具上。它们看起来不过是构造简单的机器，但这是史无前例的证据，它们表明：在世界上某个地方，有一个人，发现了旋转圆盘的中心是静止的，并将其应用在机械制造上，从而获得了巨大的优势。这一观察发现如此独特、如此新奇，但我们尚不清楚制造轮轴的念头从何而来，因为在自然界中没有什么现象可以明显推演出这一结论。或许，是看到一粒珠子在绳子上不断打转而受到启发？轮子中间的杆有了专门的称呼：轴。许多学者认为，轴是人类历史上机械领域内最伟大的洞见。

然而，从陶匠的一个轮子，到安装在可移动物体上的一组轮子，中间仍有一个极大的智力飞跃。全套轮轴似乎最早是由一位母亲或父亲（他们都是陶匠）发明的，因为世界上最古老的轮轴是由黏土制成的，长约 5 厘米，安装在动物雕像下方，以便移动雕像。

换句话说，第一辆装有轮子的车，是一个玩具。

我们已经知道，考古学家普遍不愿意把一个古代文物（无论它是什么）描述为玩具，但在轮子的案例中，确凿的证据压倒了这种不情愿。

1880 年 7 月，考古学家戴西雷·夏尔奈（Désiré Charnay）在美洲发现了第一组前哥伦布时代（pre-Columbian）的轮子。当时，夏尔奈在墨西哥城南部一个阿兹特克（Aztec）儿童的坟墓里，发现了一个小小的土狼雕塑，底部装有 4 个轮子。

夏尔奈在他的新书《新世界里的古城》（*The Ancient Cities of the New World*）中做了以下推测：这个玩具是一个纪念品，"很久以前，一个慈爱的母亲，把它和自己心爱的孩子埋葬在了一起"。

这个阿兹特克小孩生活的时期，距离高地草原上那个发明轮子的人生活的时代，已经过去了几千年，但彼时，欧洲人尚未带着车轮来到美洲大陆，这意味着，无论是在新大陆，还是在古文明中，都有一个陶匠母亲（或父亲）发明了轮轴来制作玩具，但他们彼此独立，没有任何联系。

我采访过几个考古学家，他们都犹豫不决，毕竟人们都很难相信，像轮轴这样非凡的洞见，竟然是在做毫不起眼的小玩具时产生的。但与考古学家不同，工程师们乐于相信这个观点。不过，他们认为，如果第一套轮轴能出现在 225 千克重的马车上的话，就更意义非凡了。一般来说，在大版本的发明出现之前，会先有其缩小版本（现代人称为模型或原型），它们制造起来容易得多，且花费的时间也少得多，并且，它们可以让发明者快速发现潜在问题并找到解决方案。

然而，尽管在动物玩具上装轮子的发明家很有创意，但他们的玩具并没有引发社会革命。几百年后，有个人把玩具放大，变成一套全尺寸的轮子，从而掀起了一场巨大的社会革命。

全尺寸马车最早出现在大约 5400 年前，它可能是历史上第一个病毒式传播的发明。从伊拉克南部到德国，考古学家们已经发现了很多全尺寸的马车，它们彼此相距不到几百年，但当时，各文化之间隔着厚厚的屏障，根本不可能相互渗透。如此看来，马车真的太过有用，让人无法抗拒。

人类学家兼作家大卫·安东尼曾写了一本书，名为《马、轮子和语言》(*The Horse, the Wheel, and Language*)，我因此问他，为何会出现上述病毒式的增长，他认为部分原因可能是马车的体积，"这可能是人类有史以来见过的最大的木制机器"，仅其体积之大就让人们无法抗拒。车子运行时，声音刺耳，速度迟缓，而当时人们会用牛来拉车，牛本身就是草原上最大的动物之一。

在史前文明里，马车的发明相当于现在的"伴侣号"(Sputnik)人造卫星，它不是一项悄无声息的发明，而是受到万众瞩目。考古学家们发现了两个最古老的轮子，但它们的设计有着显著的差异：一个像现代的火车轮子，轴固定在轮上，另一个则像现代的汽车轮子，轮子围绕着轴自由旋转。基于此，安东尼推测，有一些制造马车的人，是对自己亲眼所见的马车进行了复制，然而，他们看是看到了，但离得太远，无法仔细观察其具体构造。

马车的发明和广泛应用对整个中东和欧洲的社会产生了直接而显著的影响。它极大地提高了农民的生产力，并因此改变了地貌。过去种田的时候，需要一个生产队来搬运沉重的肥料和种子，庄稼收割后，又需要一个生产队来搬运。马车的出现带来了新的可能性，从此种植农作物就可以以一个家庭为单位来进行。因此，先前聚集在河流周围的人群，逐渐向尚未开发的草原上迁移，在肥沃的草原上生根开花，迅速繁衍生息。可以说，马车改变了人类的整个经济、生活方式、战争，甚至语言。正如安东尼所言："第一代轮式交通工具在社会和经济层面上的重要性，怎么强调都不会过分。"

轮子可能是从一个微缩模型发展起来的，但微缩模型并没有改变世界，改变世界的是全尺寸轮子。而将一个微缩模型放大为全尺寸轮子，需要独特的才能。安东尼认为，全尺寸的车轮和车轴需要的工艺之精细，不可能是用石器制造的，只有可能是更晚时期的冶金学家开始铸造凿子和锥子之后，才有制造轮子的工具。最后，轮子不可能是人类在不同时段相继造成的，这意味着，第一个造出轮子的人，就造了一个完整的轮子。

第一个全尺寸轮子的发明者，已经成为一种固定表达，意指不可知的事实。然而，最近一项对早已消亡的语言的重建工作，为学者们提供了一个强有力的新证据，使学者们比以往任何时候都更接近这个发明者。

究竟是谁制造了第一辆全尺寸轮式车辆呢？

我打算叫他"哐啷哐啷"（Kweklos），简称凯（Kay）。古语言学家相信，"哐啷哐啷"可能是凯用来代指轮子的词。在他的语言中，"哐啷哐啷"源于动词"转"，可见，他给自己的发明起了个尤为恰当的名字："转的东西"。而我之所以认为凯是男性，是因为人类已知的第一个马车驾驶员就是个男人，他生活在黑海东边，死后被埋葬在其马车之上。

凯出生于大约 5400 年前。他的出生时间相当准确，这得益于他的发明的广泛流行。考古记录中，从中东到西欧，仅仅几代人的时间里，马车以及它们的文献资料就呈现了爆发式增长。

如果说，凯的出生时间已经基本确定，那么，他的出生地在何处，目前仍是一个活跃的学术争论话题。安东尼告诉我，马车的"传播速度如此之快，以至于无法确定一个清晰明确的最早日期"。迄今为止的考古发现里，两辆装有全尺寸轮子的马车，在争夺最古老全尺寸轮子的竞赛中，打成平局。其中一辆来自斯洛文尼亚卢布尔雅那（Ljubljana）的沼泽地，另一辆来自俄罗斯北高加索地区，就在黑海以东，一处著名的颜那亚文化（Yamnayan culture）坟墓，考古学家在其中不仅发现了一个轮子，而且发现了一辆完整的马车，车上还有一个30多岁男子的骨架。

要确定病毒式发明的起源地，考古学并不是最佳选择。但是，出于语言学上的原因，学者们怀疑那个与马车葬在一起的颜那亚人可能就住在发明的起源地附近。现在，许多古语言学家认为，颜那亚人说的是一种叫作原始印欧语（Proto-IndoEuropean，简称 PIE）的语言，这种早已消亡的语言已经被重建出来，我们大概可以推断，它就是轮子的发明者使用的母语。

安东尼告诉我："车轮的词汇表显示，关于轮和轴的大多数词汇都来源于原始印欧语，是由该语言中的动词和名词派生出来的。"例如，原始印欧语中指代"轴"的单词是"aks"，这个单词来源于该语言中的"肩"，这意味着讲原始印欧语的人从自己的语言中选了一个词来指代轮子和马车，而非借用外来词。

这一事实至关重要。因为当一种文化引进外国技术时，它通常也会采用源文化的术语。举个例子，当初西班牙人从加勒比海地区将烟草带回自己的国家，他们的文化自此就保留下了泰诺语（Taino）中指代烟草的单词：Tabako。对车轮词汇的重建表明（尽管不能证明），和那个与马车一起埋在俄罗斯西南角的男人一样，凯也是一个颜那亚人，讲原始印欧语。

凯是个农夫，也是个牧民。他家里有狗、马和羊，也许还穿着人类最早的羊毛衣服。他喜欢蜂蜜酒，也养牛，会喝牛奶。他住的房子是一种长屋，属于一个小型的农耕社区，很可能坐落在河边。

语言学上的证据表明，凯崇拜一位男性天神，在祭神时，他会献上自己的牛和马。他住的村落里，酋长很有威望，战士受人尊敬。根据对颜那亚人的 DNA 分析，凯很可能长着棕色的眼睛，黑色的头发（不过有微乎其微的可能性是红色），并有偏橄榄色的皮肤。颜那亚人男性平均身高 175 厘米，而由于长期在田地里辛勤劳作，凯很有可能全身都是发达的肌肉。

凯的许多个人细节当然都是推测性的，但有一点是肯定的：第一辆马车的制造者，无论是在设计构思方面，还是在工艺技术方面，都堪称天才。不然，无法解释马车的发明。把一个小玩具放大成一辆全尺寸的马车，意味着要解决一系列的问题：工程结构该是如何？怎样设计最合理？木工要做成怎样才能保证运行？因此，包括安东尼在内的一些学者认为，在冶金学家铸造出铜制工具之后，仅仅几代人的时间，第一辆马车就出现了，这绝非巧合。他们认为，要制造出可以成功运转的车轮和车轴，需要非常精细的工艺，而石器完全达不到制作工艺的要求。

史蒂文·沃格尔（Steven Vogel）写了一本书：《为什么轮子是圆的》（*Why the Wheel Is Round*）。他在书中说，车轮的第一个要点，同时也是最关键的部分，是轮子与轮轴的贴合度。太紧，马车的行动速度会慢到令人绝望；太松，则轮子摇摇晃晃最终分崩离析。然而，在火柴盒大小的轮子与轮轴中，根本不会出现这个问题，而且，模型也不需要轮轴的直径和长度达到最佳比例。但是，真正的马车不行。轮轴太粗，则产生的摩擦力会太大；太细，马车的负载量稍微一增大，轮轴就断了。

接下来，就是轮子本身的问题了。轮子其实是一个非常复杂的装置。设想一下，凯想做轮子，于是他砍倒了一棵倒，然后像切萨拉米香肠一样，把树干切成片。如果他这样做，不出意外地很快就会失败。根据沃格尔的说法，失败的原因在于木材的纹理走向。如果以切萨拉米香肠的方法切树干，切出来的圆木根本无法支撑压在它边缘的重量，在压力之下，它会迅速变形。但是，从早期的车轮设计可以明显看出，凯给出了一个解决方案：将树干竖着切成木板条，再将很多木板条组合起来造出一个车轮。他小心翼翼，在木板上凿出榫卯，然后尤为仔细地把一条一条木板拼接起来，最后认真打磨，直到一个完美的圆形轮子出现在他面前。

此外，凯制造的轮子，其大小也很关键。轮子太小的话，马车在行驶过程中，碰到路上的一个小坑小洼都过不去；但太大的话，车厢自身本就很重了，再加上轮子的重量，马车几乎无法移动。

所以，凯的手艺真是天才级别的，因为他不是实现了上述关键点中的某一点，而是同时实现了所有关键点。正如安东尼所指出的，最初的马车是不可能分阶段组装的，只能一次成型，要么成功，要么失败；要么是个了不起的有用之物，要么就是一堆拼凑的无用废物。但是，即使凯的手艺再好，如果没有牛，他做的轮子也将毫无用处，成为一个又大又占地方的废品。

最早的牛是野生的原牛，大约 1 万多年前，在现今的土耳其境内，一些晚期的纳图芬人在此生活，他们开始驯化牛。起初，纳图芬人驯养牛只是为了吃肉喝奶，但到了公元前 4000 年，位于现在乌克兰境内的迈科普文化（Maykop culture）中，人们开始阉割公牛，让其成为畜力。对牛进行阉割，给它们套上牛轭，让它们在桎梏之中精神崩溃，转变性情，自然不是个令人愉悦的过程。对此，考古学家萨比娜·莱因霍尔德（Sabine Reinhold）说道："它代表了一种全新的驯化水平，远远超出了通过干涉动物生活方式而驯养动物的早期水平。"全新的驯化方式涉及阉割、暴力以及施加苦刑，动物们因此"变得萎靡不振，因为它们的精神已经崩溃"。

受苦的不仅仅是牛。值得注意的是，考古学家发现，那个最早的颜那亚人马车驾驶员，其脊柱、左肋骨和双脚都患有关节炎，此外，他一生总共经历了 26 次骨折，并且每次折断的都是不同部位的骨头。他的一生实在是太惨了，但这可能是稀松平常的事，因为很多与马车一起埋葬的早期颜那亚人都看得出骨折的痕迹，折断的骨头数量之多，研究者们已经放弃统计其具体数字了。这些颜那亚人骨折的部位，绝大多数是在手部和脚部，很可能是在给牛套上牛轭时所致，可见，让牛屈服于牛轭之下，是一场人畜之间的激烈斗争。而在迈科普文化中，有些逝者的墓葬中有戴鼻环的牛，一些考古学家推断，这是来自生者的赞赏，他们在祝贺死者曾经降服了野兽。

当凯第一次给牛套上牛轭，并拴在他造的车上时，情形应该是这样的：一辆几百斤重的车子，长约 183 厘米，高约 90 厘米，车上全部的零件都是纯木制的，嘎吱作响；几头拴在车上的牛，竭尽全力地拖着车，一步一步往前挪。就这样，凯永远地改变了农业生产。耕种一片农田所需要的沉重物资，原本需要全村的人来搬运，有了车子之后，一个家庭就足够了。

如此一来，颜那亚人驾着他们的移动式房屋，从他们原本聚居的村庄，逐渐迁移到辽阔的欧亚大草原，在那片尚未开发的原野上繁衍生息，之后，又迁移到比欧亚大草原更远的远方。

时至今日，他们留下的文化印记仍旧清晰可见。

颜那亚人的滚滚车轮，从高地草原上下来，碾过了欧洲，碾到了亚洲，他们的马车、文化和语言也随之传入这些地方。今天，世界上45% 的人口所讲的语言，就是由凯所说的原始印欧语演变而来。仅举几例，英语、希腊语、拉丁语、梵语、葡萄牙语、西班牙语、瑞典语、斯洛伐克语、普什图语、保加利亚语、德语和阿尔巴尼亚语，它们截然不同，但其源头都可以追溯到原始印欧语。

最近的 DNA 证据也支持类似的结论：颜那亚文化的浪潮一路波涛汹涌，淹没了大草原南部和西部的其他文化。在文化统治的过程中，他们的巨型马车发挥了重要作用，然而，跟着颜那亚人浑水摸鱼，乘着他们的马车偷渡过境的最小角色，却可能产生了比马车更大的影响。遗传学家已有研究，在俄罗斯中部发现的 5000 年前的人类牙齿中，存在着一种原始的鼠疫杆菌，而鼠疫杆菌是导致黑死病的罪魁祸首。遗传学家们相信，当颜那亚人扬鞭策马，带着车轮嘎吱嘎吱地碾到欧洲土地上时，他们可能无意中携带并使用了生物武器。

也许，凯就是鼠疫的最早受害者之一。当然，也有可能他就是死于一次事故，毕竟，最早的马车驾驶员经历了 26 次骨折。但不管凯死于何种方式，他的发明的传播面之广、传播速度之快，意味着他可能是古代人类发明家中为数不多的在生前得到认可的发明家。而颜那亚文化有一个殡葬习俗：将逝者置于他们的马车上，共葬。或许，凯就是开启了这一习俗的人。

12

谁是第一桩
谋杀谜案的凶手?

如果将人类在地球上的历史比作一天,
这件事就发生在晚上 11 点 35 分（5300 年前）。

天刚蒙蒙亮,一个男人就盯上了他的目标。他紧紧地盯着目标的住处,那是红铜时代（Copper-Age）的一个小村庄,坐落在意大利阿尔卑斯山脚下,他看着他的目标从村里动身,穿行在山脚处繁茂的树林里,然后攀上山峰。直到目标从视野里消失,我们的男主人公才开始悄无声息地收拾自己的装备。

他贴身穿上绵羊皮衣服,套上山羊皮绑腿,披上用植物和羊皮做成的大衣,用一根腰带紧紧地把大衣束起来。然后,他把新鲜的干草塞进皮靴里,绑好靴带,包好够吃一顿的风干羊肉揣进背包里,再将一柄燧石刀紧紧地插进腰带里。最后,他背起鹿皮箭袋,紧了紧箭袋的绳子,挎上长弓,沿着目标的方向,出发了。

仔细看看我们的男主人公。他身高 168 厘米，精瘦结实，腿脚强健，肺活量大，这是长期生活在当地的海拔和地形中的典型体质表现。他沿着小路上山，不疾不徐，浑身散发着一种因常年在陡峭山峰上攀爬而练就的风度气质。他跟上了目标，但并不急于赶上。他知道，目标肯定会选择那条较为平坦的路。那是做商品贸易的人们常走的一条小径，在奥兹塔尔山顶，冰雪刚刚消融，小径才从冰雪中显露出来。

此时的阿尔卑斯山脉，瓦尔·塞纳莱斯（Val Senales）峡谷被郁郁葱葱的树木遮得严严实实。看着目标绕开了峡谷，他也跟着绕开峡谷，一会儿向上爬，一会儿向下走，一会儿又向上爬，最终走到了现在叫作斯米兰山口（Similaun Pass）的地方。他在山口的南面，快接近山脊了，这时，前方不远处的小沟里，一缕青烟袅袅升起。他从肩上卸下长弓，从背后的箭袋里抽出一支箭，蹑手蹑脚地向山顶爬去。

1991 年 9 月，在奥地利和意大利交界之处的奥兹塔尔山上，两名徒步者偶然发现了一个可怕的场景。那一年的夏天异常温暖，斯米兰山口旁边的小沟里，原本一小片经年不化的冰雪，在高温下融化了，露出一具尸体，死者手臂蜷曲，面部狰狞。起先，两名徒步者以为发现了去年冬天在暴风雪中遇难的人员遗体，就向当局报警。到达现场的医学检查人员用电钻凿开冰层，将死尸搬运出来，这时，死者身上被冻干的皮肤引起了医学检查人员的注意，经过对死者皮肤的检查，他们怀疑，该名男子遇难的时间可能要早得多，搞不好是第一次世界大战时失踪的士兵。

直到他们看到了他的装备。

一把古老的铜斧。它静静地躺在死者旁边，几乎完好无损。这种漂亮的史前工具，即使在锻造它的时代也是稀罕物品，而近5000年来，没有人仿造过这种工具，也没有人使用过。听闻此事，世界各地的考古学家一窝蜂地抢着研究，当地报纸给死者起了个绰号，叫"奥兹"，也是他葬身其中的山峰的名字。他们断定，早在图坦卡蒙出生的近2000年前，奥兹就已丧生于山上的冰雪之中了。

要论年代久远，奥兹本身并不算有多引人注目，毕竟考古学家们发现了很多年代比他久远得多的骸骨。然而，奥兹的尸体状况却是前所未有的。几乎就在他刚刚咽气之际，一座冰川就滑下来，压在他的尸体上，他就像被关在了一个冰柜里，一关就是5000多年。结果就是，他的尸体保存得近乎完美。

因为足够寒冷、足够潮湿，他的DNA、皮肤、指甲、器官、头发、眼球都保存得极好，他的胃里甚至还有食物，这些都让科学家们对红铜时代欧洲人的生活有了前所未有的了解。到今天为止，20多年里，奥兹的尸体不断被各种检查，他因此可能已经成了人类历史上被研究得最多的尸体。

斯坦福大学考古学家帕特里克·亨特（Patrick Hunt）曾是《国家地理》派出的一个小组的成员，他检查过奥兹。他告诉我，科学家们已经确定了奥兹的头发颜色、眼睛颜色、最后一餐、文身、关节炎和许多健康问题。通过研究牙齿的牙釉质，他们知道了他确切出生在哪个山谷；通过重建声带，他们知道他的声音听起来沙哑刺耳，较为低沉，有点像牛蛙；通过他胃里的多层花粉，他们重构了他最后一次登上奥兹塔尔山的确切路线。

但是，这些或许都不是最有趣的发现。在两名徒步者发现奥兹的10年后，一位放射科医生对奥兹进行了扫描，发现了被其他人遗漏的东西：一个燧石箭头。根据箭头轨迹判断，箭头先是完全切断了奥兹锁骨下的动脉，然后嵌入左锁骨下方。这种致命伤，即使在现代医院的手术台上都救不活伤者，更不用说在几千年前天寒地冻的山口上了。10年来，学者们始终在争论，到底奥兹因何而死，而放射科医生的发现，让争论尘埃落定：他并非病死的，也不是冻死的，更不是摔死的，他的死，是一场谋杀。

暴力早已成为人类生存状况的一部分，其存在时间比人类的历史久远得多。人类学家曾经认为，凶杀和战争是现代城市化的副作用。理论上说，谋杀是与陌生人生活在一起的结果，战争是国家权力崛起的结果。然而，近年来，这一理论受到了严峻的挑战，主要是因为它基于两个错误的见解：一是我们的类人猿祖先相对和平，而我们的进化走向了暴力；二是低估了远古时期人类的暴力程度。近几十年来，灵长类动物学家发现，黑猩猩之间的杀戮频率远远高于人类。此外，一般人们想当然地认为，狩猎采集时期的战争造成的伤亡比有组织的国家战争造成的伤亡要少，实则不然。狩猎采集群体人口总量本来就非常小，而他们的暴力冲突却可能是旷日持久的，如此一来，他们的暴力发生率相当于甚至是超过了当代世界上最暴力的城市。人类学家现在相信，我们从进化初期开始，就一直在坚持不懈地、精力充沛地互相残杀。

所以，暴力不是新事物，新事物是越来越多的对暴力的禁忌。在远古时期，大多数杀人者的凶杀行为受到的是称赞，而不是惩罚。然而，由于相互合作能带来生存价值，慢慢地，较为善良的人得到了进化的选择。这个过程被一些人类学家称为自我驯化，如此一来，凶杀成为禁忌（至少在某些情况下），而凶手的行为一旦暴露，他们有可能会遭到报复。

于是，冰人奥兹谋杀谜案诞生了。

考古学家们尚不清楚，从何时开始，凶杀开始转变成一种禁忌，但是，奥兹谋杀案是迄今为止考古发现的第一个确凿证据，证明凶手在作案前就规划好了潜逃方案。20 年来的不断调查，已然让奥兹的发现地成了人类历史上研究得最多的犯罪现场。现在，证据表明，奥兹谋杀案是熟人作案，凶手暗杀奥兹之后，竭尽全力掩盖了自己的罪行。

谁杀了奥兹？

我们姑且叫他朱瓦里（Juvali），因为他的家很可能在意大利北部的朱瓦尔（Juval）地区。之所以认为是“他”，是因为当今世界上 96% 的凶杀案都是男性所为（来自 2013 年联合国的一份报告中的数据），而这并不是一个现代社会才有的现象。根据人类学家斯科特·布朗（Scott Brown）的说法，凶杀主要是男性的行为，它也是人类的一种普遍现象，从我们久远的过去一直延续到现在。

朱瓦里出生的时候，他注定要过耕种和放牧的生活，而非游牧式的狩猎和采集生活。他的祖先就是牧民，来自古代土耳其，后迁移到欧洲。这些牧民到了欧洲后，通过暴力袭击和传播疾病，慢慢将欧洲从原来的狩猎采集者的手里夺了过来，同时，他们也带来了定居的生活方式：耕种土地，圈养家畜，建立固定村庄。

如果按照典型的新石器时代欧洲人给朱瓦里画像，他可能长着棕色的眼睛，黑色的头发，也许还留着稀疏的胡子。新石器时代欧洲人的男性平均身高为168厘米，再加上精瘦结实的身躯，他的体格看起来像一个今天的马术师。他的饮食不均衡，所以没能长成高个子，他每天的活动强度都很大，但日常活动的习惯让他的身材变得比较特殊：上身较瘦，双腿肌肉发达，强健有力，关节退化，明显是一个毕生都在攀登陡峭的奥兹塔尔山的人。

朱瓦里很可能身体不好。事实上，欧洲最早的农民和牧民经常遭受营养不良的折磨。狩猎采集者的饮食均衡，食物来源多种多样，某一物种的消亡对他们来说构不成毁灭性的打击。但农民和牧民不同。就拿朱瓦里来说，他的生存依赖于少数几种农作物和有限的一些动物，每当有洪水或旱灾，他的庄稼就可能颗粒无收，动物也可能奄奄一息。即使在丰收的年份，朱瓦里和他的群体所吃的食物，也远不如狩猎采集者的食物种类丰富。因此，相比之下，狩猎采集者的身形更加高大，体质更为健康。此外，朱瓦里平日里与家畜住在同一片屋檐下，但家畜会吸引害虫，可能会污染他的水源，这就为致命病毒的传播制造了机会。

对这些早期的农民来说，有人患了严重的疾病，是司空见惯的事情。很多早期农民的骸骨上，指甲处可见深深的沟痕，也就是所谓的博氏线（Beau's lines），表明他们患病了。朱瓦里很可能体内有绦虫，并患有关节炎、莱姆病或溃疡，对新石器时代的欧洲人来说，这些病相当于瘟疫，让他们饱受折磨。他的饮食中，淀粉含量非常高，意味着他可能满口都是蛀牙，而他生活地的陡峭地形，给他的关节造成了严重损伤。

不健康的生活方式破坏了朱瓦里的身体，但他也并非完全没有采取抵抗措施。最近的发现显示，这些早期农民使用的药物比人们以前想象的要复杂得多。亨特告诉我，朱瓦里可能使用了抗菌性真菌疗法（antibacterial fungal remedies），并且，他会用骨针将木炭刺入关节，以减轻关节炎。

研究人员不太确定朱瓦里的职业，部分原因是他们不确定在红铜时代的欧洲都有哪些职业。那时候，牧羊人、农夫和铜匠肯定是有的，但是，有店主吗？有理发师吗？有裁缝吗？20 年前，学者们认为新石器时代的欧洲经济基本上是勉强维持生存的活动，但对奥兹的鞋子进行了仔细研究后，他们发现，奥兹居住地的经济要比许多学者曾经设想的复杂得多。

奥兹的那双鞋本身没什么好看的。在意大利波尔扎诺的南蒂罗尔考古博物馆（South Tyrol Museum of Archaeology），我隔着玻璃看到了它们，就像是两块挖空的面包，用绳子绑在一起。但在奥兹被发现之后不久，它们就引起了彼得·赫拉瓦切克（Petr Hlaváček）教授的兴趣。赫拉瓦切克教授是捷克人，生活在兹林（Zlin）市，研究制鞋技术。他精心复制了奥兹的登山靴，从皮面、绑带、干草衬里，到7.5码^①的尺寸，每一方面都细致入微，最后得到了一双完全相同的复制品。然后，他进行了实地测试。他穿着靴子滑冰、蹚水，还长途跋涉到欧洲的大山里。测试完毕之后，他宣称，这双靴子是一个"奇迹"。干草衬里阻挡了寒冷，即使在雪地中行走也能保持双脚温暖；皮质鞋底提供了出色的附着摩擦力，并且能让脚掌受到的压力均衡分布，这是现代登山靴所不及的。捷克登山家瓦茨拉夫·帕特克（Vaclav Patek）穿了同样的一双试了试，然后宣称："穿上这双鞋，欧洲没有哪座山是你不能征服的。"赫拉瓦切克相信，如此高品质的鞋子，只有专业鞋匠才做得出来。他的观点提供了一个线索（如果尚不算证据的话），那就是朱瓦里生活的村庄里，可能有多种不同的职业。

奥兹鞋子的复杂程度、可能存在的鞋匠，都表明研究人员对新石器时代欧洲存在的贸易种类知之甚少，因此，也就很难推测朱瓦里的职业。然而，最有可能的情况是，朱瓦里是一个牧民。

在意大利阿尔卑斯山区，放羊曾经是（现在仍然是）谋生的主要手段。直到今天，如果走在奥兹塔尔山上，你还会听到牛羊脖颈上的铃铛声轻柔地萦绕在山坡上。但是，并不是因为放羊是主要的谋生手段，就依据概率的大小推测朱瓦里是个牧民，他谋杀别人的凶残性格也是其放牧生活方式的一个证据，因为在没有法律约束的遥远古代，牧民是一个

---

① 鞋子的尺码（Shoes Size），又叫鞋号，常见有以下标法：国际、欧洲、美国和英国。国际标准鞋号表示的是脚长的毫米数。中国标准采用毫米数或厘米数为单位来衡量鞋的尺码大小。

特别暴力的群体。

牧民与农民不同。农民的财富是种在地里的，牧民的生活储蓄则挂在四条腿上，很容易被小偷盯上。在现代执法体系出现之前，牧民遭受抢劫后，他们唯一的防御就是以暴力报复的决心。如果没有公正的法庭来解决纠纷，牧民在面对挑战、威胁和偷窃时，就会过度报复，久而久之，过度报复反而成了一种刺激。

即使在相对较近的历史中，也可以看到这种反常的刺激措施的结果。在中世纪的英格兰，档案馆的建设远远好于法院系统，那时，一个普通的牧民小村落的凶杀率赶上了现代战区的凶杀率。1340 年，英国牛津的牧民和农民互相残杀，导致每 10 万人中就有 110 人被杀，而当今社会，凶杀率还不到这一数字的 1%。

一些考古逸事，暗示着在朱瓦里生活的时期，暴力事件更加严重。世界上许多极为著名的考古发现都含有可怕的注脚：粉碎的头骨、嵌入的箭头、割破的喉咙和绞勒的迹象。北美洲发现的最古老的骸骨之一，是在哥伦比亚河岸发现的肯纳威克人（Kennewick Man），距今约 9400 年，他的骨盆里埋着一个石矛尖。在英国泥炭沼泽中发现的林多人（Lindow Man），距今约 2000 年，尸体保存得很好，可看出他死亡时的惨状：头骨粉碎，喉咙割破，颈椎折断。在丹麦发现的托伦德人（Tollund Man），距今约 2500 年，尸体的脖子上套着一根打结的绳子，因为沼泽将尸体保存得近乎完美，人们可以清晰地看到他临终前的表情。位于瑞典的一处坟场，大约也可以追溯到 2500 年前，权威考古学家 T. 道格拉斯·普莱斯（T. Douglas Price）认定，坟场中埋葬的人，有 10% 的可能死于暴力事件（现代的比率是 100 万分之 14）。而证据显示，在朱瓦里生活的牧民村落，他干的这起凶杀案并不会是一件骇人听闻的事情。

最近，南蒂罗尔考古博物馆聘请了慕尼黑凶杀案警探亚历山大·霍恩（Alexander Horn）来调查奥兹案。像调查其他谋杀案一样，霍恩首先要确定朱瓦里的动机。他几乎立刻排除了抢劫，因为奥兹的那柄稀有的铜斧还在案发现场，在奥兹身上发现这柄铜斧，相当于在现代一个凶杀案现场，发现受害者的劳力士仍戴在手腕上，都是明显的能够排除抢劫的证据。铜斧在案发现场，不仅可以排除抢劫，也可以排除奥兹死于敌人之手。如果是一个敌对部落的成员射杀了奥兹，杀手肯定会拿走铜斧，因为这是战利品，可以获得部落的赞扬。因此，霍恩认为，凶手之所以没带走铜斧，最佳解释是因为他与奥兹有共同的熟人，如果他拿着奥兹的铜斧，势必会被熟人认出来。换言之，霍恩认为朱瓦里认识奥兹，这是目前为止最具可能性的情况，即使这仍是猜测。

弗吉尼亚大学社会学家唐纳德·布莱克（Donald Black）称，现代杀人案中，为了抢劫等实际利益而实施的犯罪占比不到 10%，大多数凶杀案实际上是一个以死刑惩罚别人的过程，凶手自我感觉正义满满，而对受害者进行审判、定罪、判刑并处决。将这种现代的凶杀案分析延伸到几千年前的命案，可能会让人觉得牵强，但是，奥兹手部一个深深的伤口，则进一步证明了朱瓦里的动机很可能是复仇。

霍恩说，奥兹手部的伤口是典型的防御伤，伤口的愈合程度表明伤害发生在他死前 48 小时左右。亨特也告诉我，奥兹的燧石刀刀尖断了，刀尖一断，刀就毫无用处，而他还没来得及修补，说明刀尖折断的事情就发生在他遇害前不久。最后，调查人员在奥兹的斗篷上发现了其他人的血迹。综合血迹、刀和伤口这些证据，可以得出结论：在他生前最后的24到48小时里，奥兹受伤了，有可能他杀了人。霍恩推测，奥兹杀害的人可能是朱瓦里的熟人，如此，朱瓦里就心生仇恨，他怀着一个此仇不报誓不为人的信念，跟踪奥兹上山了。

朱瓦里挑了个好日子，作案那天，天气晴好。研究人员在奥兹的胃里发现了熏肉和面包，残留物上的炭灰表明，他在山口的一个小山沟里生了堆火，不急不慢地烤热食物，悠闲地吃了午餐。根据食物在其消化系统中的位置，研究人员估计，奥兹人生中的最后一餐，大约是在他死前半小时。

弹道分析显示，朱瓦里选择的射击位置，大概在距离奥兹30米远的地方，他拉弓射箭，箭略低于水平线，由下向上刺入奥兹的身体，并偏向了他的左侧身子。30米，大约一个篮球场的长度，考虑到朱瓦里的史前装备，这是一个惊人的距离。即使是现在，使用弓箭的猎人，用碳纤维箭瞄准一只鹿时，他们也希望能离目标更近一些再放箭。但朱瓦里的目标是活生生的人，他瞄准，放箭，箭刺透了奥兹的左肩胛骨，穿破了为上肢提供血液的主动脉，在锁骨下方停了下来。动脉出血，血流猛急，没有几分钟，奥兹就因失血过多而死。

看到奥兹不动弹了，朱瓦里确定目标已中箭，这才走上来。他把躺在地上奄奄一息的奥兹翻了个身（解释了为何尸体肩部奇怪地扭曲着），用力抓紧箭，猛地一拔，结果箭头断在了奥兹体内。考古学家在现场挖掘时，发现了 14 支箭，但都是奥兹的，朱瓦里的箭不见踪影。霍恩认为，朱瓦里带走了箭杆，是为了防止别人识别出来，这和现代刺客开枪后捡起弹壳是一个道理。甚至，他可能还用雪掩盖了案发现场，这也有助于解释奥兹的尸体为何保存得如此完好。

朱瓦里为了掩盖自己的罪行，前思后想，选了一个万无一失的方案，尽管最终他掩盖罪行的努力反而成为最有力的罪证。如果他只是想在没有目击者的情况下杀死奥兹，他并不需要跟踪到山顶上去。但他一路跟到山顶，意味着他不只是为了避免被人看见，更重要的是想掩盖奥兹的死亡。他一直跟踪奥兹到斯米兰山口的行为，明确地显示了一个动机：如果乡亲们知道奥兹的真正死因，那么他，朱瓦里，一定是主要嫌疑人。正是为了在谋杀得逞之后全身而退，他不惜跟踪奥兹一直爬上陡峭的奥兹塔尔山，他相信，如此偏僻的地点，如此遥远的距离，应该不会有人发现尸体。

事实证明，在这一点上，他无疑是非常正确的。

13

谁是第一个
名留青史的人？

如果将人类在地球上的历史比作一天，
这件事就发生在晚上 11 点 36 分（5000 年前）。

1974 年 11 月 24 日，考古学家唐纳德·约翰逊（Donald Johanson）
在埃塞俄比亚哈达（Hadar）地区附近的一个小沟壑中，留意到一根不
起眼的细小骨头，这根一丁点大小的骨头，为我们物种的祖先系谱增加
了一个重要的分支。

这根骨头属于一个雌性，生活在 320 万年前，她是一个新物种，
既不是人类，也不是猿类，后来被称作南方古猿。发现了骨头之后的几
个月里，约翰逊和他的团队陆续发现了其他骨头，最终，他们获得了将
近一半的她的骨架。约翰逊后来评论说，彼时彼刻，他感到"300 万年
前人类进化的大部分证据都握在了手中"。约翰逊的发现震惊了考古界，
同时也吸引了公众的想象力。那根骨头的主人很快就成了史前最伟大的

名人，而在约翰逊看来，她之所以变成名人，主要是因为考古学家们给骨头的主人起了个名字：露西。

叫她露西，并不是深思熟虑而起的名字，不过是因为发现骨头的那天晚上，约翰逊团队成员在营地里放着披头士乐队的歌，刚好听到了"露西"二字。但是，这两个字给古老的骨架注入了人性，因此拉近了现代读者与这位失散已久的亲人之间的情感距离。此外，要想出名，你必须先有"名"。

在考古工作中，对生活在有文字记载之前的人，或是存在于文字历史之前的地方，考古学家们总是迫不得已想办法区分他们。露西的命名就是一个最著名的例子。当然，我们根本不知道露西的朋友和家人怎样称呼她，甚至她有没有名字都是个问题。其实，从现在起往前推6000年，生活在6000年之前的人、曾存在的城市和文化，学者们也压根就不知道他们的名字。今天，学者们用以称呼这些人和地方的名字，完全是编造出来的，有的来源于当地的地理环境，有的来源于电台播放的披头士歌曲。

据估计，在文字发明之前，大约有15亿智人出生又死去，但没有任何人知道哪怕他们中的一个名字。即使在文字发明之后，能留下姓名的人也不多，因为当时世界上只有极少数地方的极少数人才使用文字。我们能够知道5000来岁的冰人奥兹最后一餐吃了什么（见第12章），但我们无法知道他的真名。我们也不知道，第一个踏足美洲的人叫什么名字，也不知道肖维岩洞或拉斯科洞穴的伟大画家的名字（甚至也不知道在那些画家的时代，洞穴叫什么名字）。直到美索不达米亚文明兴起，出现了文字，我们才终于知道了一个人的名字。他不是一个霸主，不是王子，不是王后，也不是国王，他是个会计。听起来不可思议，实则合情合理，因为国王和霸主只负责开疆拓土，但会计是记下人们名字的人。如果说，人类历史上能够有名字（任何名字）记录下来，会计都是唯一的原因。尽管，这个职业经常被认为没什么创造性，但他们对人类最具创造性的发明（大多数学者的共识）负有责任。

文字记录并不是某一尤里卡时刻的产物。相反，它最初起源于美索不达米亚，近 5000 年的时间里，它作为一种解决问题的方法不断发展。这个日益复杂的问题是：这是我的，那是你的，最重要的——这是你欠我的。几千年后，印加人独立开发了一种完全不同的书写系统，称为奇普（quipu），这是一种结绳记事的方法，形式上截然不同，但起因完全相同：记录债务和所有权。

在美索不达米亚，文字最初出现在陶筹上。

20 世纪 60 年代，对美索不达米亚古代城市的挖掘工作开始系统进行，考古学家们发现了数千块黏土板，这些黏土板虽然小，但都经过了塑型，而且形状多种多样，有的像兽首，有的就是有符号的圆片，有的看起来像护身符，有的则像陶匠心不在焉的作品。考古学家们无比困惑，没有人知道它们是什么，也不知道它们的重要性，那个时代的考古报告只是简单地指出了它们的存在，甚至还有把它们随手丢弃的情况发生。直到 20 世纪 80 年代，历史学家丹尼丝·施曼特 - 贝瑟拉（Denise Schmandt-Besserat）和皮埃尔·阿米耶（Pierre Amiet）得出了一个惊人的结论：那些陶筹不是艺术品，也不是护身符，更不是心不在焉地用黏土胡捏乱造的小玩意儿，它们代表了文字发明的第一个阶段。

根据施曼特－贝瑟拉的看法，陶筹是这样运作的：想象一下，你生活在 9000 年前的美索不达米亚平原，以放牛为生。那时候已经有贸易了，但极其简单。如果一个邻居想要你的一只山羊，但又没有东西可以交换，你就记下这笔债务，就像你今天记下一个朋友欠你的债一样。很简单，对吧？

但是，美索不达米亚平原上的人口越来越多，并有其他地方的人不断加入，交易量持续增加，贸易变得过于复杂，以至于你记不清究竟谁欠你什么东西。人类历史上第一次，商业的发展超过了大脑的能力。结果就是，美索不达米亚人开创了一个简单而巧妙的代币系统。如果有人拿走了你的一头牛，他们会给你一个做成牛角形状的陶筹，这样，当你想要他们的东西（比如一只羊）时，你就可以用那个陶筹兑换。这么听起来，陶筹似乎跟钱币一样，但它们并不是，至少当时不是。它们还没有抽象到钱币的程度，尽管人们已经可以看到，一个债务交换系统最终将如何产生货币。毕竟，如果你扔掉抽象的概念，今天的社会里，你的钱就是政府对你的债务的衡量手段。你想要一杯可乐，你给店员钱，钱就是你的债务的实物代表。

随着贸易日益复杂，一个靠零零散散的陶筹组成的代币系统越来越难以维系。大约 6000 年前，美索不达米亚商人开始将陶筹密封在空心的黏土球里，这些黏土球就像世界上的第一个文件柜，它们能把不同的交易分门别类，便于区分。但是，一个文件柜必须有标签，所以牧民们就把陶筹的形象刻印在黏土球的外面。从陶筹到黏土球的这一步，看似简单，平平无奇，实则代表了一个重要的中间地带：实物代表向抽象符号的转变过程。

很明显，一抽屉乱七八糟的球是无法经营生意的，因此，美索不达米亚人再次过渡到更高层次的象征意义。他们开始把球和它们的符号印在黏土板上，如此一来，黏土板就像一些分门别类标记的"文件盒"，每一笔交易都会被放入相应的文件盒。这一举动实际上创造了第一个语法规则。黏土板能够储存更多的信息，并且形式更易于阅览，最棒的是，它们不会悄悄滚着逃走。有了黏土板之后，没过多久，美索不达米亚的会计们就完全抛弃了黏土球和陶筹，他们开始直接将符号刻画在黏土板上。

很快，美索不达米亚的会计们就在他们的"Excel"上添加一些符号，符号都是个性化的，便于识别自己的"表格"。直到有一天，现代的考古学家们发现了其中一张表格，表格底部有会计留下的标记，他们把标记的内容翻译出来，确定了它的年代，认定其为同类发现中最古老的。表格底部的标记，是那个会计的名字。此时此刻，历史上第一次，考古学家们不必根据披头士乐队的歌曲、一座山或一个当地村庄来为一个人编造名字。相反，一个逝去的人在直接对我们说话：

"我的名字叫库什姆（Kushim）。"

5000 年前，库什姆出生在古老的美索不达米亚。他出生的日期，可能比第一个埃及象形文字出现的时间还早。库什姆并没有留下有关自己性别的标记，但根据美国亚述学家本特·阿尔斯特（Bendt Alster）的观点，最早的美索不达米亚谚语主要是从男性视角写成的，因此，人们普遍认为他们的书吏大多是男性。

库什姆生活在幼发拉底河沿岸，就在波斯湾以北的地区，在那里，幼发拉底河和底格里斯河汇合，然后涌入大海。两条河流把肥沃的土壤带到了河谷，古老的河道和周期性的洪水，共同形成了一些世界上最丰饶的农业平原。土地肥沃，庄稼遍地，供养了一些人类历史上最早的大城市，其中就有库什姆的家、当时世界上最大的城市：乌鲁克（Uruk）。

乌鲁克城里，挤满了密密麻麻的泥砖房屋，大约有 5 万人聚居在此，它也成了整个美索不达米亚地区的贸易中心。乌鲁克实行贵族统治，城中有很多大型神庙，负责分配谷物和啤酒，还有很多学校，课程设置惊人地统一。考古学家已经发现了 165 份独立的抄写件，它们的时间跨度长达 1000 年，但抄写的内容都是一样的。它被称为职业清单（the list of professions），是美索不达米亚学校中的一种标准化考试。它在书吏学校教员中流传了一代又一代，其流传时间是美国历史的 3 倍之长。

库什姆的读写能力表明，他曾在某所书吏学校受过教育，这同时也表明，他的出身并不是奴隶。如此看来，他是乌鲁克城里的上层人士。在乌鲁克，奴隶占人口的绝大部分，占劳动力的大部分。一家纺织厂就需要数千名奴隶，而基本可以肯定，乌鲁克四通八达的灌溉渠道也都是奴隶挖的。美索不达米亚早期的文字记录大多涉及奴隶所有权。在库什姆之后，历史上记下的第二个名字是奴隶主加尔 - 萨尔（Gal-Sal），还有他的两个奴隶，恩帕普 -X（Enpap-X）和苏卡吉尔（Sukkalgir）。在苏美尔语中，"奴隶"一词在某种程度上是"外国人"的同义词。

孩提时期的库什姆，跟今天的小学生们过得没太大区别。五六岁，他就要到书吏学校学习，他的学习生活，被后来的学生们形容为"漫长而乏味"。在库什姆之后大约 1000 年，有一个学生写了一篇作文，名为《泥板世家之子》（*Son of the Tablet House*），文中描述了学生典型的一天："我读泥板，吃早饭，然后准备新泥板，写完课文。到了下午，我被安排背诵课文。"

如果库什姆上课迟到，老师们希望他会鞠躬道歉。如果足够幸运，他可以不用挨打，但通常他都不走运。大多数时候，犯了错都要挨打，哪怕极其轻微的错误，也会招来打骂。有一句古老的苏美尔谚语，详尽地描述了库什姆这类学生会被藤条鞭笞的原因，包括但不限于老师进入教室时不起立、未经允许就离开，以及字迹潦草。

为了弥补过错，库什姆可能会邀请老师（通常是男性，但并不全是）到自己家里去，恭敬地请老师上座，他的父母会准备一顿丰盛的饭菜，其间，一会儿拿件新长袍，一会儿拿个新戒指，送给老师。根据《泥板世家之子》里的说法，如果老师认为他的道歉和（或）贿赂足够有诚意了，他可能会说："现在，我说的话，你表示尊重，也听进去了，未来你就能够爬到抄写艺术的巅峰……愿你成为你兄弟朋友中的佼佼者，你已经完成了学生的任务，现在是一个有文化、有教养的人了。"

在学校里，库什姆学会了自己制作黏土板，放在阳光下晒干。考古学家们偶有发现一堆古老的空白泥板，他们猜测，这些泥板是库什姆这类学生做成的，是人类早期学校的课堂作业。黏土板只要在太阳下晒透了，会变得相当结实，坚不可摧，正是因为如此，今天的考古学家们才能从刻在泥板上的线条里，绘制出一幅清晰详细的乌鲁克城日常生活画卷，就连当时学校的功课是怎样的，都一清二楚。

要学会写文章，库什姆先是照猫画虎地学会了写构成符号的基本部分，就像现在的小孩子要学会写字母 E，他们先要拿着笔一笔一画地描摹一样。考古学家们发现了一些泥板，上面一遍又一遍地重复着不完整的符号，看起来像是枯燥乏味的古代工作表。这是漫长又艰难的教育进程的象征。毕竟，楔形文字含有近 1000 种不同的符号，库什姆必须把每一个符号都记得清清楚楚。但不光是符号的问题，还有数字的问题。那时候，数字尚未发明出来。对库什姆来说，绵羊、山羊和年份都分别有各自的计数系统，因为没有人观察到，5 个人、5 只羊和 5 根手指，都共有一个抽象的数字概念 "5"。今天的人们对数字习以为常，仿佛自出生之日起，数字就根深蒂固地铭印在脑海里，以至于没有人意识到这是一个多么天才、多么非凡的发明（不信的话，你给数字 5 下个定义试试）！有了数字，我们才能够比较、对比和衡量完全不同的概念。遗憾的是，发明数字的天才很晚才出生，库什姆有生之年都不知道数字的概念，导致他不得不学习超级多的符号。而且，学者们认为，他一直到成年后才完成了教育。

毕业之后，库什姆成为一家神庙的管理者，负责酿造大量啤酒。这是一个级别相当高的职位。为了记录自己的工作，库什姆运用了一种基于象形文字的原型写作（protowriting）形式，比如，画一根麦穗，就是一个符号，代表大麦，而今天，你依旧能在他的黏土板上看到牛角符号的残迹，那个古老的牛角形状是他用来指代母牛的符号。但是，库什姆不会写情诗，也不会写故事，因为他所使用的文字系统还没有完整的语法，也无法表示很多声音。因此，当他试图表明自己的身份时，他却找不到一组读音悦耳的字母来形成名字，最后，他的解决办法是把"Ku"和"Sim"两个象形文字符号并排放在一起。说得再明白些，就是假如你的名字是"卡佩特"（Carpet）[①]，但你的文化和语言中并没有字母，那么你在签名的时候，可能就会签成图中的样子：

其实，Kushim（库什姆）一词本身只是来自亚述学家汉斯·尼森（Hans Nissen）的一点诗意发挥，他给 Ku 和 Sim 的符号加上了读音。而对库什姆来说，书写可能没有语音价值。不管谁看了他的账本，都可能会把他的名字当成一个我们现在认为的家族徽章。

颇具讽刺意味的是，作为一个人，库什姆可能是那种你看过一眼就再也想不起来的人。他的外表可能平平无奇，甚至可能已经使用了世界

---

① Carpet，意为地毯。其中，car 意为小汽车，pet 意为宠物。

上第一种批量生产的物品：斜边碗。在乌鲁克考古遗址，斜边碗随处可见。它们貌似是一种专门的容器，当碗里装满谷物时，就是古代版本的工资支票。想象一下：库什姆结束了一周的工作，拿着他的碗去找老板，他的老板根据工作量给碗里装上相应数量的谷物。这就是他的工资了。

作为一个大神庙的管理者，库什姆的"工资"应该挺高的。但是，他并不是一个优秀的会计。其中一块黏土板上，本该是"1"的地方，他写了一个"10"，这个数据错误意味着寺庙的大麦进货量是实际所需量的 10 倍。与此同时，他的啤酒配方中麦芽的含量却过少，这是一个特别严重的错误，因为酿造啤酒的大麦与麦芽的比例是一个非常简单、不该出错的数字：1:1。

不过，在尼森看来，库什姆确实缺乏对细节的关注，但他又用"一个官员追求过分准确性的热情"做了弥补。举个例子，库什姆曾计算过 13.5 万升（81 吨）的大麦，他的数字精确到 5。根据尼森的说法，这是一种"苦心孤诣得来的精确性，与他的其他诸多数学错误完全矛盾"。

库什姆是我们已知的第一个人名。在世的时候，他是一个普普通通的管理者，负责清点债务，不显山不露水，一身官气，还常出错误。这是恰如其分的情况。

在长达 1000 年的时间里，书吏和会计在美索不达米亚不断推进着文字记录的发展。在当时，文字记录是一个封闭的领域，它只属于贵族、官僚和像库什姆这样的管理者，普通民众要么置若罔闻，要么嗤之以鼻，视其为税吏用来对付他们的武器。值得注意的是，美索不达米亚的诸多城市经常遭受疾病侵袭和外敌入侵，而每当这种时候，民众总是举着火把，最先冲去图书馆。那时候的普通民众对文字记录的感觉，无异于现代读者对税务代码的感觉，因为在当时，整个文字媒介就是为了记录债务，别无他用。它是库什姆们的专属领域，是安达信会计师事务所之流的专属领域，却还不是威廉·莎士比亚们的领域。

鉴于库什姆的社会地位，以及普通民众对其职业的鄙视，可以想象，他在去世之时并没有得到太多认可。但如果他有一块墓碑，那至少可以是史上第一块写有名字的墓碑。

14

谁发明了肥皂？

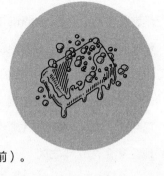

如果将人类在地球上的历史比作一天，
这件事就发生在晚上 11 点 38 分（4500 年前）。

1942 年 3 月 14 日早晨，在美国康涅狄格州纽黑文的一家医院里，安妮·薛佛·米勒（Anne Sheafe Miller）躺在病床上，奄奄一息。

一个月前，这位 33 岁的护士流产之后，出现了常见的感染症状。她接受了最先进的医学治疗，包括输血和使用磺胺类药物，但并不见效。她的体温不断上升，接近 42 摄氏度，她开始失去知觉。

她的医生约翰·布姆斯特德（John Bumstead）在记录中写道："根据以往的所有经验判断，她患了由溶血性链球菌引起的败血症，这是致命性的。"眼看救治无望，绝望的布姆斯特德医生就死马当活马医，从新泽西的一家实验室购买了一种尚处于实验阶段的药物，给米勒用上。该药物极其罕见，以至于后来的时候，技术人员需要在米勒用药之后，从她排出的尿液里回收药物进行再利用。

药物由一名州警护送而来，径直护送到米勒的病床边。当时，细菌学家莫里斯·泰格（Morris Tager）是纽黑文这家医院的主治医生，他仔细地检查了药物：深棕色粉末，闻起来臭烘烘的。他本人后来在记录中写道：（看到药物的时候）"有些担心和怀疑。"尽管如此，那天下午，泰格医生还是把药物注射到了米勒体内。到了第二天早晨，米勒的体温已经恢复正常。根据医生原本的诊断，她逃不过此劫，然而，她却成功地继续活了57年之久。

当时米勒所注射的实验药物，现在被称为青霉素。安妮·薛佛·米勒，是青霉素拯救的第一条生命，自此往后，它已经拯救了2亿多条生命。

青霉素是人类发现的第一种抗生素。抗生素药物的出现，彻底改变了人类对抗感染的方式。但是，在人类对抗恶性细菌的永恒战斗中最有效的战斗武器排行榜上，抗生素只能排第二。排名第一的是：肥皂。没错，没有任何一种医疗产品，可能也没有任何一种医学发现，能比肥皂拯救的生命更多。

1668年，荷兰玻璃制造商安东尼·菲利普斯·范·列文虎克（Antoine Philips van Leeuwenhoek）通过他的显微镜，窥见了一个活动的有机体，自那以后，我们开始慢慢地认识到究竟有多少细菌居住在我们的世界上。地球上遍布细菌，细菌占领地球到无孔不入的地步，假如有外星人造访地球，他们可能会脚不沾地地马上离开，对全宇宙宣布我们的星球就是个满是臭虫的汽车旅馆。夜晚睡觉时，细菌就在我们的枕头上，早上吃饭时，细菌就在我们搅麦片的勺子上。生物学家估计，无论什么时刻，一个人的一只手上都有大约 150 种不同的物种，它们之中大多数是无害的，一些甚至是有益的，但另外一些是看不见的杀手，只要它们能找到办法通过人的皮肤进入体内，就足以致命。在人口密集的城市中，这些危险的细菌和疾病可以通过一个门把手从一个人传播到数百个人。因此，毫不夸张地说，肥皂不仅使城市更健康，而且让城市的存在成为可能。

肥皂的历史非常悠久，因此我们可能永远也不会知道它到底拯救了多少人的生命。科学英雄（Science Heroes）网站上，有一批研究人员专门在追踪相关数据，然而，当我向他们提出上面的问题时，他们也只能举手投降。不过，即使最保守的估计，这个数字也达到了 9 位数的级别，并且，数字仍然会增加。根据联合国儿童基金会（UNICEF）的一份报告，如果每个厨师都使用肥皂，世界呼吸道感染率将降低 25%，腹泻发生率将减少 50%。仅此一项，每年就能挽救超过 100 万人的生命。

历史上，肥皂的作用一直被低估，并且使用率也不高。造成这种情况的原因是一个基本的公关问题：它清除的东西，你根本看不见。即使我们中间受教育程度最高的人，要接受这个理念，也需要概念性飞跃，这是一个非常艰难的过程。根据美国疾病控制与预防中心的说法，医生们洗手的频率都没能达到要求，他们大概只达到 50%。肥皂也可以拯救健康人的生命，替他们将看不见的"子弹"挡在体外，而抗生素可以一夜之间将米勒这样的人从鬼门关带到舞池中央。因此，肥皂不仅比青霉素拯救了更多的生命，而且使我们的现代城市生活成为可能，但我们仍然低估了这个或许是人类历史上最伟大的医学发现。

谁发现了肥皂的配方?

我打算叫她妮妮(Nini)。这个名字是从苏美尔神话中执掌医药的女神妮妮茜娜(Ninisina)的名字而来的。之所以认为她是女性,是因为肥皂的发现者可能在苏美尔新兴的纺织业工作。人类学家乔伊·麦考里斯顿(Joy McCorriston)告诉我,当时苏美尔的纺织业主要的劳动力是女性。

4500 年前,妮妮出生了。她出生的地方在现在的伊拉克南部,可能是苏美尔古城吉尔苏(Girsu),因为世界上发现的最古老的详细记载有肥皂制造的黏土板就出土于此地。吉尔苏是世界上最早人口过万的城市之一,在"人类历史上第一个"的榜单中,它拥有人类历史上第一座桥梁。

妮妮出生的时期,吉萨大金字塔正在建造中。除了个子比今天的普通人稍矮,她从外貌上已经完全是现代人的样子了。在刻着楔形文字的黏土板中,苏美尔人常称自己为"黑发人"。许多苏美尔人的雕像都有蓝色的大眼睛,但大多数历史学家认为,蓝色的大眼睛是苏美尔文化中神灵才有的特征,真正拥有蓝眼睛的苏美尔人其实相当罕见。因此,妮妮应该长着黑色的头发,眼睛可能也是黑色。而根据苏美尔人的文字,她很可能穿着一件长及脚踝的衣服,衣服的材质是羊毛或羊皮,装饰有流苏,并点缀着许多图案。那时候的男性则穿着短裙,系着腰带。

凯伦·内梅特-内贾特(Karen Nemet-Nejat)是专业研究美索不达米亚文明的学者,著有《古代美索不达米亚妇女》(*Women in Ancient*

Mesopotamia）一书。根据其介绍，妮妮成长在一个阴郁压抑的父权制社会，她的父亲是一家之主，对她有绝对的控制权，除非她死亡，或是结婚，父亲对她的控制才会结束。对古代美索不达米亚妇女来说，婚姻是少年时代就会发生的事情。在一篇阿卡德语（Akkadian）文字中，有关于婚礼的描述，其中写道，新娘身高91厘米。

对妮妮来说，她的婚姻不过是父亲和公公签的一个合同。在苏美尔人的观念里，女人结婚并不只是与丈夫的结合，更是与丈夫家庭的结合，婚姻对家庭的意义大于对夫妇二人的意义。所以，如果妮妮的丈夫死了，她会被重新安排嫁给她的小叔子（也可能是夫兄）。凯伦说，苏美尔妇女几乎没有独立自主的意识，也压根看不到独立自主的希望。因此，终其一生，妮妮都绝无可能独立于她的父亲、公公或丈夫。

作为妻子，妮妮的主要任务是生孩子，尤其是要生儿子，因为只有儿子才被认为是继承人。传统上，婚姻是一夫一妻制，但如果她生不出孩子，丈夫可以娶第二个妻子，或纳妾，或收养孩子。有一首赞美诗借女神欧拉（Eula）之口，描绘了苏美尔妇女的生活，用词极其简单：

> 我是女儿，
> 我是新娘，
> 我是配偶，
> 我是管家。

妮妮很可能是在下层社会长大的，因为除了当管家，她还有一个更现代的角色。美索不达米亚人给人类文明留下了很多遗产，其中之一是纺织工厂单调乏味的苦差事。在当时，纺织工厂是大型国营工厂，其劳动力主要是奴隶、债务人以及临时工。工厂主要生产羊毛纺织品，这是美索不达米亚许多城市的重要出口物资，而"工人"们的日常工作就是裁剪、缝制、染色。

妮妮被纺织厂雇佣时，吉尔苏的纺织工厂已经不是单个的小作坊，而是成规模的大型生产中心，即使按今天的标准衡量，其规模也令人刮目相看。考古学家丹尼尔·波茨（Daniel Potts）曾做过计算：3个月的时间，仅在吉尔苏一个城市，就有203310只羊被剪毛。这一数字比工厂的规模更令人吃惊，因为那时剪羊毛机尚未问世，工人们剪羊毛的效率极低，20多万只羊，他们要一只羊一只羊、一根一根地拔下羊毛，不可谓不举步维艰。波茨据此估计，一个纺织工人平均每天只能生产25厘米长的羊毛线。然而，根据亚述学家本杰明·斯塔德文特-希克曼（Benjamin Studevent-Hickman）的说法，乌尔（Ur）的一家纺织厂一年生产了400多吨羊毛线，因为它拥有多达1万名工人。看来，妮妮恐怕就是这样的一个纺织工人。

她甚至可能担任过某种权威的职务。考古学家丽塔·赖特（Rita Wright）称，在这些工厂中，女性主管通常管理着30人的团队，她们的"工资"（大麦或布料）也更高。考虑到妮妮的影响力（她把肥皂引入了生产过程），也许她就是其中一个主管。

对肥皂的最初记载出现在吉尔苏出土的黏土板上，泥板上的楔形文字描述了人们最初怎么使用肥皂。据化学考古学家马丁·利维（Martin

Levy）说，这块黏土板有 4500 年的历史了，上面书写的内容涉及羊毛的洗涤和染色。为了把羊毛制品染得恰到好处，织布工人必须除去织物上的羊毛脂。肥皂的出现，让去除羊毛脂的工作难度大大降低。直到今天，织布工人们仍会把新剪下的羊毛浸泡在肥皂水里，以去除羊毛脂。

脂肪遇到碱，会产生化学反应，化学家称之为皂化反应。但妮妮远不是第一个利用皂化反应的人。我曾咨询过北达科他州立大学化学教授塞思·拉斯穆森（Seth Rasmussen），他说，脂肪和碱都是极其常见的成分，因此，大多数学者推测，早在妮妮之前，就有人无意中促成了皂化反应。燃烧过的木头灰烬中就有碱，许多学者认为，早期人类会把灰烬弄湿，用来清洁油腻的屠宰工具，而清洁工具的人并不知道，他们用灰烬与油脂做成了一种简单的、含有杂质的肥皂。

《从穴居人到化学家》（From Caveman to Chemist）一书的作者休·萨尔茨伯格（Hugh Salzberg）说，第一批纺织工人可能也发现了湿灰能够去除油脂的事实，他们也采取了这种方式来清洁纺织品。灰烬会与羊毛中的羊毛脂结合，产生皂化反应。

但是，拉斯穆森说，直到 5000 年前，都没有人发现他们可以自己制作肥皂然后用其洗手。理由很充分：在美索不达米亚有文字记载的第一个千年里，没有任何文字提到肥皂。因此，大多数学者认为，人们发现肥皂的时间，大约就在 4500 年前那块记载有肥皂的黏土板诞生之时。"如果早在苏美尔时期人们就知道了肥皂，我们应该会在早期苏美尔人的记录中看到有关它的文献资料，然而目前并没有看到。"拉斯穆森如是说。

妮妮的天才时刻，就是她发现了灰烬能够成为清洁剂的原因：羊毛脂，或者说动物油脂。而且她发现，把这些动物油脂添加到浸泡着灰烬的水中，就能得到一桶液体肥皂。这似乎不过是一个小小的步骤，但它意味着妮妮可以不必再依赖她所清洗的东西的油脂来促成皂化反应。相反，她可以按照自己的意愿，制造出脂肪和碱的混合物，然后可以用它洗任何想洗的东西——特别是、最关键的是，洗手。

萨尔茨伯格推测，妮妮的第一块肥皂可能只是一桶灰烬沉浮、泛着油光的水。后来，妮妮（或其他人）意识到，他们完全可以把水中的灰烬和脂肪块过滤掉，因为灰烬浸泡在水中时，其中的碱已经被水吸收了（这个过程叫"浸出"）。想想看，哪有人会愿意用一桶灰烬沉浮、泛着油光的水来清洗自己的身体呢？因此，浸出是另一个非常重要的步骤，它能有效地鼓励人们使用肥皂，达到肥皂最有用的目的。最终，一直到中世纪，肥皂制造商不再使用过滤器，而是把一袋袋的灰烬浸入水中，就像冲袋泡茶一样。

目前人们已知的第一种肥皂配方，需要大约 1 夸脱[①]油和 6 夸脱木灰碱（从木灰中提取的钾）。根据拉斯穆森的说法，二者混合会产生液体肥皂，杂质很多，但颇为有效。正是用如此粗糙的配方，妮妮生产出了一桶灰烬沉浮、泛着油光的水，但这桶浑浊油腻的水，将是人类开发出的最能拯救生命的医疗产品。

但她对此一无所知。

---

① 容量单位，美制 1 夸脱等于 0.946 升。

肥皂和青霉素不同，青霉素是一种杀菌剂，但肥皂是一种除菌剂。肥皂具有特殊的分子结构，分子的一端有亲水性，另一端则有亲油脂性，如此一来，它创造了化学家称之为"油箱"（oil suitcase）的东西，使水与油短暂共存，任何隐匿其中或藏身其下的细菌都可以被冲洗掉。肥皂的救命效果过于隐蔽，几乎无法被观察到，因此，妮妮大概终其一生也未得到多少认可，更未因其发明得到人们的感谢，并且，她也压根没意识到自己为人类做出了多么伟大的贡献。不过也许她在纺织厂得到了认可，因为她清洁羊毛脂的方法稍微有效一些。其结果大概是，分给她的大麦稍微多了一些。

几乎可以肯定，苏美尔人不会用肥皂洗手，原因和现代医生经常不洗手的原因一样：他们的手看起来已经相当干净了。没有证据表明，在肥皂发明之后的几百年里，有人用肥皂洗手或洗澡，相反，只有在清洗有明显油渍的盘子或衣服时，人们才会使用肥皂。

人们用肥皂清洁皮肤，已经是很久很久以后的事情了。目前最古老的证据来自在赫梯（Hittite）首都博阿兹柯伊（Boghazkoi）发现的楔形文字泥板，其诞生时间已经在妮妮之后近 1000 年了。泥板上这样写道：

> 我用水冲洗自己。
> 我用碱清洗自己。
> 我用亮光闪闪的盆里的碱水净化自己。
> 我用盆里的纯油打扮自己。

我穿上天神的衣服。

所有技术，无论它们取得了多么重大的突破，都需要时间在人群中传播。经济学家称这种滞后为"技术扩散"，而妮妮的发现遭遇了一个极其漫长的滞后。正如我们所看到的，肥皂在全球的普及仍在进行中，其5000年的发展历程并不是线性的。

在美索不达米亚之外的地方，人们只是偶尔使用肥皂。并且，他们经常忽略肥皂，反而用一些别的明明很糟糕的东西来清洁。罗马的洗衣工不用肥皂，却用从路人那里收集到的腐臭尿液来洗衣服。古罗马作家老普林尼将肥皂的发明归功于高卢人，顺便说一句，他将高卢人称为"野蛮人"，因为高卢人不使用尿液，却使用肥皂。希腊人主要是用水清洗自己，不施肥皂，尽管他们当中有先见之明的盖伦（Galen）医生几次三番地建议大家使用肥皂，把它当作一种预防性医学疗法，但人们依旧置若罔闻。

肥皂拯救生命的力量一直不被人们理解，不仅因为人们用肉眼无法看见细菌，也因为人们严重误解了细菌。即使到了19世纪初，如果有医学工作者说微生物可能致命，哪怕仅仅只是一个微小的暗示，他们都有可能被当时世界上最先进的医院开除。

1847年，当时在维也纳综合医院工作的产科医生伊格纳兹·塞麦尔维斯（Ignaz Semmelweis），开始调查一个谜团：由医生照料的产妇，其死亡率是只由助产士照顾的产妇的5倍，为何会这样？塞麦尔维斯强烈要求他手下的医生们严格遵循助产士的每一项分娩技术，甚至禁止牧师在医生分管的病房里敲钟，因为他们不会在助产士负责的病房里敲钟。真可谓名堂搞尽，什么都做了，但无济于事。后来发生了一件事，改变了塞麦尔维斯的想法。他有一个同事，去给一名死亡产妇做尸检，做完尸检后，这位医生就死亡了，他的死因与那名产妇的死因相同：产褥热。产褥热在产科是常见病，很多产妇为此饱受折磨。于是，塞麦尔维斯尝试了一种新的方法。他知道，医生们经常会在结束尸检后直接去助产，但助产士不会这么做。他据此推断，可能是医生从尸体上携带了一些致命的微粒或气味，并传给了产妇，导致产妇死亡。因此，他开始要求医生洗手。产妇死亡率立即下降了。然而，塞麦尔维斯手下的医生们却迅速产生了暴乱，对他进行了强烈的驳斥，在他们看来，塞麦尔维斯无疑是在暗示他们杀死了自己的病人。就这样，塞麦尔维斯被开除了，医生们也停止了洗手。塞麦尔维斯备受打击，最终在一个疯人院里悲惨死去。

比塞麦尔维斯早生了几千年的妮妮，这个亚述人，一个纺织女工，可能也和塞麦尔维斯有着类似的死法，死时寂寂无闻。据估计，古代苏美尔人的平均预期寿命只有 40 岁，部分原因是早期城市简直就是疾病的粪坑、传染病的污水池。妮妮生活在一个人口密集的城市，但其中没有一个知道用肥皂洗手的灵魂，因此，她很可能是死于细菌感染。但同样遭受细菌感染，今天却有数百万人得以存活，因为，今天的人们大多在使用妮妮的发现：肥皂。

15

谁是第一个
感染天花的人？

如果将人类在地球上的历史比作一天，
这件事就发生在晚上 11 点 41 分（4000 年前）。

历史上最厉害的杀手不是成吉思汗，也不是亚历山大大帝，也不是某一场战斗、某一次战争，甚至不是所有战争的总和。

相反，最厉害的杀手是一个孤零零的人。4000 年前，这人出生在非洲之角。其实我们不能指责他，他也相当倒霉，他不过是吸入了一星半点灰尘，不料灰尘却携带着一种新型病毒。

天花病毒引起了天花，差一点，现在的新世界就不会存在了，因为旧世界已被摧残得体无完肤。18 世纪时，天花每年会杀死 40 万欧洲人。在 20 世纪，天花造成的死亡人数是两次世界大战死亡人数总和的 3 倍。此外，它还对阿兹特克文明的衰落和印加帝国的消殒负有重要责任，那是欧洲水手们把它带到了南美洲之后的事情了。

天花病毒没有特别的偏好。无论是年轻人还是老年人，无论是国王还是农民，它都一视同仁。罗马皇帝马克·奥勒留、英国女王玛丽二世、俄国沙皇彼得二世和法国国王路易十五，都因感染天花而死。亚伯拉罕·林肯也得过天花，就在他发表葛底斯堡演说之后。

天花可以决定战争的输赢。一些学者认为，乔治·华盛顿命令给他手下所有的士兵接种天花疫苗，是其在美国独立战争中最重要的战术决定。

1972年，一个从麦加回国的牧师在南斯拉夫引发了一场疫情，造成35人死亡，175人患病。南斯拉夫紧急布置了路障，挨家挨户排查，实行宵禁，宣布戒严，才阻止了疫情蔓延。可以说，天花是人类历史上最大的病毒灾难之一，它在我们物种发展的前进过程中重重地踩了一脚。

20世纪60年代，世界卫生组织在美国流行病学家亨德森（D. A. Henderson）的指导下，发起了一场根除天花的运动。他们的武器是一种疫苗。据分析，天花病毒只感染人类，并且必须每14天感染一个新的人才能存活下来，所以人类能够根除它。当然，客气点说，这是理论上的一种可行性，说得不客气，那就是荒谬可笑的壮志雄心。此前在人类历史上，从未有过将某种病毒从地球上消灭的举动，原因显而易见，只需要我写完本句话的时间，300万个病毒颗粒就已经舒舒服服地居住到了人身上。就在根除天花运动开始的那一年，至少就有1500万人感染了天花。然而，在亨德森和世界卫生组织的努力下，截至1977年10月26日，世界上感染天花的人数为1。这个人叫阿里·马奥·马阿林（Ali

Maow Maalin），是索马里一家医院的厨师，在这场全球围剿天花的行动中，他是最后一个被隔离的天花病例。

马阿林当时23岁，居住在索马里马尔卡市（Merca），在当地一家医院做厨师。当时，医院要求全体工作人员接种天花疫苗，但马阿林逃避了接种。他后来表示，因为自己害怕针头，所以没有接种。因此，当他自愿引导两个感染天花的女孩去隔离营时，15分钟的车程里，他的免疫系统毫无准备地暴露在病毒的袭击中。

一开始，当地医生误以为马阿林患的是水痘，就没把他隔离。与此同时，马阿林送去隔离营的那两个女孩已经康复，所以调查人员误认为他们已经控制住了病毒的传播。结果，在医生意识到自己的错误之前，颇具人缘的马阿林已经接待了至少91位来慰问他的客人。发现错误后，世界卫生组织在索马里南部部署了一支庞大的隔离小组，以追踪马阿林接触过的所有人。工作人员建立了警察检查站，挨家挨户地排查，对马阿林工作的医院进行了整体隔离，接种出去了5万多支疫苗。接下来，他们只能等待，等着新病例产生。

在马阿林坐上车去隔离营的4000年前，变异的天花病毒产生了。在一个恐怖的时刻，一个细胞里，一个人体内，天花病毒的优势毒株存活了。尽管这个人本身并无过错，但客观上他要为更多的死者负责，在人类历史上，没有哪一个人能像他这样造成如此多的死亡。

他是谁呢？

我们就叫他"零号病人"吧，这是医生用来指代瘟疫初始病例的称号。我之所以认为他是男性，是因为天花病毒的基因线索表明，他曾在非洲之角附近与驯养的骆驼亲密地生活在一起。在当时的非洲之角，男人们通常把骆驼带到放牧营地里，一住就是几周。

距今约 4000 年前，也就是埃及法老胡夫确定在非洲之角以北 1000 英里处修建大金字塔之后的几百年，零号病人出生了。他出生的地方位于现在的埃塞俄比亚或厄立特里亚的某处。他的文化里并没有文字，多亏古埃及人在一些最古老的浮雕和象形文字里的记录，我们今天才得以了解当时生活在非洲之角的人们。当时，零号病人的家乡被埃及人称为"邦特之地"（Land of Punt），零号病人顺理成章地被叫作邦特人。无论是埃及人还是邦特人，都会在红海上航行，那里有一条世界上最早的海上贸易路线。

如果埃及浮雕里的邦特国王佩拉胡（Perahu）足够真实，那么零号病人的外表可能是这样：肤色很深且略微偏红，留着短得贴近头皮的头发，塞在无檐便帽里。像佩拉胡一样，他可能蓄着长长的山羊胡，不时地向前捋着胡子。从他的侧面看，他的白色开衩短裙里还可能塞着一把匕首。

根据埃及浮雕的显示，零号病人应该生活在一个圆形的小屋里。他用长长的支架把小屋高高地撑起，门口架着梯子，便于爬上爬下。这种建造方式可能是为了躲避食肉动物的侵扰，也有可能是为了在屋子下面圈养动物。

他很可能是个牧民，但也种植庄稼，饲养动物（狗、牛、驴和骆驼等）。他的小屋旁边，长着没药树，树冠遮住了阳光，屋顶在树荫之下。

没药树的树液可以制成香，是古埃及最珍贵的产品之一。出于对没药的需求，再加上邦特之地的黄金、皮草、奇珍异兽和劳奴的吸引，埃及人于是沿着红海远航。胡夫法老的儿子就曾亲自奴役了一个邦特人。

零号病人平常可能就和他的骆驼一起生活，一起劳作。然而，他并不会骑骆驼，相反，他养骆驼是了获取奶。一只哺乳期的骆驼每天最多能产 19 升奶，一些养骆驼的牧民甚至仅靠骆驼奶就可以生存数周。养骆驼当作奶源，是阿拉伯半岛南部的放牧文化中最初驯养骆驼的人留下的传统，零号病人显然遵循了这一传统。理查德·布利特（Richard Bulliet）写了一本书，叫《骆驼与轮子》（*The Camel and the Wheel*），他相信，5000 年前，骆驼刚被驯化成功不久，就随着香料商人的船横渡了红海。

骆驼进入人类的生活，为早期的天花病毒提供了一个巨大的机会，但给人类带来了始料不及的巨大风险。不论以何种方式，只要与动物体液密切接触，都给了病毒从一个物种跳跃至另一个物种的机会。幸运的是，不同的物种有不同的免疫系统，一种病毒适应某一种免疫系统，但可能无法攻击另一种免疫系统。通常情况下，当病毒发现自己处于陌生物种时，它就像"火星上没穿宇航服的人类"——这是病毒学家内森·沃尔夫（Nathan Wolfe）的形容，因此枯萎死亡。或者，病毒刚传播到新的物种体内，就会被新的免疫系统识别，并一举消灭。但也有对宿主来说更危险的情况：病毒不断复制，但不会传染。

要成功地切换宿主，病毒必须产生变种，以便能够在新环境中繁殖和传播。病毒产生变种的方式多样，它可以自己变异，在某些情况下，两种不同的病毒还可以感染同一个细胞并结合形成一种新的病毒。

病毒学家认为，到目前为止，我们已经彻底接触了感染狗、猪和其他驯养动物的原发性疾病，这些动物身上任何能够传染给人类的疾病，都早已经传染给人类了。不过，现在的驯养动物依然有病毒危害，主要是它们会充当中间宿主，从而让野生动物身上的病毒传染给人类。

然而，在零号病人生活的时代，骆驼才刚刚驯化成功，进入了人类生活的新环境，置人类于危险的处境。对当地已有的病毒来说，骆驼的免疫系统是一个全新的攻击目标，而驯化骆驼则让人与骆驼的接触成为日常，如此一来，就给了病毒数不清的传播机会。

人们目前还不清楚天花病毒的确切始祖究竟是什么。唐纳德·R. 霍普金斯（Donald R. Hopkins）是世界卫生组织根除天花小组的领导人，他怀疑，最初是一种痘病毒感染了啮齿动物，因为在天花中发现了一种编码小鼠蛋白质的特殊基因，这很可能是从前世生命遗留下来的，他在《最厉害的杀手》（*The Greatest Killer*）一书中如此写道。最近的基因研究似乎支持他的观点，研究发现，导致天花的直接始祖病毒可能感染了一种现已灭绝的非洲啮齿动物，也许是某种沙鼠，但从该始祖病毒到天花病毒，骆驼的免疫系统"功不可没"。俄罗斯新西伯利亚化学生物学研究所的遗传学家伊戈尔·巴布金（Igor Babkin）写了《天花病毒的起源》（*The Origin of the Variola Virus*）一文，他告诉我，骆驼进入人类生活，相当于给天花病毒从啮齿动物传播到人类搭了一座桥。巴布金认为，在攻击骆驼免疫系统的过程中，病毒进化了，感染沙鼠的痘病毒在骆驼体内复制时，吸收了一些新的遗传物质，从而使原本只会轻微扰人的小病毒，变成了大恶魔。

没人知道零号病人是如何从非洲啮齿动物身上把第一个变异毒株带到自己身上的。霍普金斯推测，有可能是他宰杀了啮齿动物来吃肉，但也有可能是别的途径。斯坦福大学免疫学教授罗伯特·西格尔（Robert Siegel）告诉我，毒株也可能通过看似人畜无害的途径传给了零号病人，比如，他不过是吸入了一些灰尘，但灰尘上刚好沾有病毒。啮齿动物的粪便会被风干，变成灰尘，随着人类的呼吸一路到达肺部，汉坦病毒肺综合征的发病机制就是这样的。

不管病毒究竟是怎么传到零号病人身上的，按理说，一旦它进入零号病人体内，应该就很快死亡了。但这次例外。零号病人非常倒霉，进入他体内的病毒，已经在骆驼身上练就了一身武艺，因此不但没死，反而存活了下来，并且生机勃勃，发展壮大。

天花病毒就像一颗手榴弹，冲进了零号病人的身体。一到达喉咙，它就黏附在其黏膜细胞上，迅速开始复制。我们通过显微镜可以观察到一个细胞感染天花后的可怕转变：原本光滑的球状细胞，变成了一个插满尖刺的插座。一根根空心的尖刺像长矛一样从细胞中伸出，每看到一个健康的细胞，它就展开攻击，一旦刺中，尖刺里的空心通道就成为病毒颗粒躲避白细胞反击的防空洞。每遇到一个健康的细胞，这样的过程就会重新进行一遍。

刚开始，零号病人的免疫系统没有产生任何怀疑。病毒学家们至今仍不确定，在最初的 7 到 10 天里，天花病毒究竟藏身何处。他们之中的很多人怀疑，病毒最初是藏在淋巴结中复制，让免疫系统放松警惕，就在免疫系统麻痹大意的时候，病毒却在悄悄地呈指数增长。经过一周多的持续增长，病毒颗粒突然活跃，并沿着血液流向最近的器官。直到这时，零号病人的免疫系统才启动了第一道防线，他感觉到了第一个症状。

最初的症状是发热和头痛，紧接着是喉咙痛，这标志着零号病人开始具有感染性。他喉咙里的病灶迅速发芽长出病毒手榴弹，像雨后春笋一般，每一颗手榴弹上都密密麻麻地挤满了病毒颗粒，这些病毒颗粒会附在他的唾沫星子上，腾云驾雾，飞驰到空气中，以他的身体为中心，形成一个 3 米大小的热区。起先，他可能还以为自己得了流感，但病毒开始侵袭他的皮肤，当他的脖子、脸和背部开始出现明显的红色斑点时，他才怀疑病情要比流感严重得多。很快，他身上的红点已经不再是斑点，而成为一个个充满了脓液的大脓包。然后，他开始浑身散发恶臭。

世卫组织根除天花小组的流行病学家威廉·菲戈（William Foege）在其《失火的房子》（*House on Fire*）一书中写道，曾有两次，他仅凭气味就知道房子里有天花病人，而闻到气味的时候，他还才走到人行道上，尚未进入房子。他说，那种气味"让人联想起动物死尸的气味"。没有人知道这种气味从何而来，他觉得也许是腐烂的脓包散发出来的。

一旦染上天花，病人极度痛苦。他们几乎赤身裸体，不敢穿衣服，因为无论什么布料，只要一接触皮肤，就会使脓包破裂。在这个阶段，大多数病人都只求一死，赶紧死，菲戈的书中这样写道。

天花病毒本身并无意杀死零号病人。菲戈说："病毒本身没有恶意，它只是有种想长生不老、不绝于世的动力，并不断为该目标努力。"然而，天花病人是在与死神斗争。要么，零号病人的免疫系统摧毁天花病毒，否则，天花病毒就会杀死他。

免疫学家们尚不确定，在最开始"溢出"时，天花病毒究竟有多大的杀伤力。几千年来，它一直在人类身上复制，已经发生了翻天覆地的变化。但是，如果天花遵循了典型的模式，那么，零号病人感染之后的情况，要比现代病人的情况更为致命。

一般来说，一种病毒溢出（viral spillover）的时间越近，致命性就越强，因为从病毒的角度来看，宿主死亡并不是最优选择。病毒的目标是复制和传播，一个宿主死亡，意味着它失去了结交潜在宿主的机会。因此，病毒在宿主体内停留的时间越长，其致命性就越低，与此同时，感染性更强的变种成为优势毒株。在天花病毒首次溢出的几千年后，进化出了一种叫小天花的天花变种，其死亡率只有1%，而大天花的死亡率有30%。

零号病人非常不幸，他的情况可能比现代人已知的所有病例都更严重，生存希望也更渺茫。

但天花病毒一直存活了下来，绵绵不绝。在零号病人感染病毒后的某个阶段，病毒又找到了新的宿主。甚至是在他死后，如果有人处理他的尸体（大多数时候是其家庭成员），那人也可能会感染天花病毒。据菲戈说，到了现代，在天花病毒已经根据人类的特点进行了自我调整之后，照料病人的家庭成员也有50%的机会感染天花病毒。但大多数病毒学家认为，在其早期阶段，天花病毒更致命，却不擅长在人类宿主之间跳跃。

正如霍普金斯在《最厉害的杀手》一书中所写的,最初的天花传染事件中,"如果天花遵循了其他疾病从动物到人的传播及适应模式,那么最早的时候,天花从一个人传播到另一个人身上的情况是很少见的"。

病毒学家把病毒的传播速率称为 R0(发音为"R naught")。R0 是衡量传染病的传染性的方式,指一个已经感染传染病的病人,会把该疾病传染给多少人的平均数。R0 小于 1 的疾病会消亡,而 R0 大于 1 的疾病会传播。R0 的数字越大,疫情风险就越高。现如今,天花病毒的 R0 为 6,跟普通感冒的传染性差不多。亨德森认为,最初,天花病毒的 R0 极可能非常低,但它在人类历史上的持续时间证明了它的 R0 大于 1。它不断在人群中传播,也逐渐适应了人类。天花病毒对待人类的免疫系统,就像黑客强行破解密码一样,一次又一次尝试,在此过程中,它的传播速率也提高了。等到它复制了数万亿次,并犯了数百万次错误后,偶尔会出现一个改进的变种,从而让它的感染率大大增加。通过自然选择,新的病毒版本将很快成为优势版本,继而再次重复上述过程。可见,病毒的适应性机械刻板,并不是像人一样依靠智力。病毒传播的过程,就像 100 万只猴子围着一个电脑键盘,而天花是它们敲出来的《哈姆雷特》。

人类历史上大多数时候,人们都是聚居在小村庄里,如果零号病人也是生活在一个小村庄里,那么天花将会在他的全村人中传播,其结果无非两种,一是全村人都死光,二是每个人都产生了免疫力,但无论哪种结果，天花在此之后就会消亡。所有高传染性疾病都需要大量人口才会永久存在，天花也不例外。据研究人员估算，在 14 天的传播期里，天花需要至少 20 万的人口基数才能维持存在。因此，学者们认为，在农业革命之前，天花成功传播的可能性微乎其微，因为如此规模的人口密度是人类社会发展到很晚之后才出现的。在耕种的生活方式出现之前，可怕得无法想象的疾病大概率会在小型群体中蔓延，耗尽所有新的宿主，然后消亡。

可是，天花病毒出现的时间太巧了。当时，牧民们在非洲之角建立了一些最早的大型社区，埃及人和邦特人开辟了一条最早的海上贸易路线，全球经济曙光初现。人类历史上第一次，有这么多人口生活在如此接近的范围内。而就在这时，天花病毒飞身一跃，进入了我们的体内。起先，它可能在非洲之角逐渐传播了许多年，之后，它随着一个人上了船——可能是某个被奴役的邦特人，也可能是某个埃及商人——乘风破浪渡过了红海。要知道，4000 年前的尼罗河流域，人口已经超过百万，因此，一旦天花病毒抵达尼罗河流域，肯定势如破竹，无法阻挡。

天花的最早确诊病例，是三具埃及木乃伊，病毒学家们在其身上发现了脓包。三具木乃伊中，有两具是埃及官员，其中一个死于约 3600 年前，另一个死于 3200 多年前，二者的身份都不可考。但第三具不同，它是个非常有名的人：埃及法老拉美西斯五世，死于公元前 1145 年。象形文字中有记载，拉美西斯五世死于某种急性疾病。当亨德森对木乃伊进行检查时，他发现其面部、脖子和肩膀上，密密麻麻长满了天花的标志性脓包。天花病毒一旦传播到了埃及，就会蔓延到全世界。

大约 3400 年前，来自土耳其的赫梯人曾与埃及军队作战，他们的楔形文字描述了埃及俘虏带来的疾病。而埃及商人似乎沿着香料贸易路线把天花病毒带到了印度，印度的古代医学专著《遮罗迦本集》（*Charaka Samhita*）和《妙闻集》（*Sushruta Samhita*）中就有对天花的详细记载。到了 16 世纪，西班牙探险家们把它带入了新大陆，从而引发了灾难性的后果。在疫情暴发时，已经具有免疫力的人群会降低病毒的 R0 值，从而减缓疾病的指数增长。然而，在新大陆，从未有人在传染病中幸存下来并获得免疫力，因此，天花在新大陆的初次暴发堪称世界末日。

人类对抗天花病毒的斗争可以追溯到古代。人们很早就知道，从来没有人会两次染上天花，但第一个利用这种弱点对抗天花病毒的是中国人。据英国生物化学家和医学史学家李约瑟（Joseph Needham）说，世界上第一次接种，发生在大约 1000 年前的中国，那时，人们有意用已经减弱的天花病毒感染正常人群，从而让正常人群获得免疫力。

医学文献中第一次记载接种，是 14 世纪的一部中国医学著作，其中写道："我们现在还不知道接种者的名字，但他们是从一个古怪而非凡的人那里知晓了接种方法，那个人又是从炼金术师手里求来的办法。自此之后，它在全国各地广泛传播。"

这个"非凡的人"简直就是免疫学的始祖。时至如今，免疫学仍是人类对抗病毒的最佳防御手段。

天花病毒的致命弱点不仅在于一个人不能被感染两次，还有一个弱点也被人们发现了，即天花病人身上的脓包结痂之后（它表示很多病毒颗粒已经死亡），毒性自然就减弱了。由于病毒呈指数增长，因此，初始感染时病毒颗粒越少，疾病的严重程度就越低。死亡率差异很大。接种过的病人，死亡率在 1% 到 2% 之间，但自然感染的病人死亡率达30%。

到了 17 世纪，中国和印度的天花接种法已经很普遍了。中国的医生还出版了接种流程的指导手册。一个世纪后，这一接种法传入了欧洲。

然而，那时候的接种水平还太糟糕，充满风险。举个例子，如果医生使用干痂不当，就会导致病人感染上强天花。更糟糕的是，病人接种之后，他们的免疫系统需要时间击退病毒，而这一过程中他们具有的传染性和致命性不亚于普通感染者。因此，在许多情况下，接种反而引发了疫情。

1796 年 5 月 14 日，标志着天花走向灭亡的开始。这一天，英国的爱德华·詹纳（Edward Jenner）医生正在看一份检测报告，他曾给当地农民进行了接种，但反馈报告中，有几例接种是无效的。这几个农民发誓，他们确实没感染上天花，但最近感染上了牛身上的一种痘病毒。这种病毒叫牛痘，它会感染人类，得了之后也很痛苦，但它不会在人与人之间传播，而且几乎不会致命。

看了报告，詹纳医生的脑海中迸发出一个念头。为了验证他的理论，他给一个名叫詹姆斯·菲普斯（James Phipps）的 8 岁男孩接种了牛痘。就像接种天花一样，詹纳采用了病毒减弱后的牛痘脓包。结果是，菲普斯并没有全身长满令人难受的牛痘，而只是在手臂上形成了一个小小的脓包。这个结果令人赞叹，但更非凡的结果还在后面：詹纳随后按传统的方式给菲普斯接种了天花，但男孩没有任何不适，没有出现任何天花的症状。

与天花接种法不同，牛痘接种法的死亡率几乎为零，且不会引起天花疫情暴发，此外，它只会在病人身上产生一个小脓包，并不需要病人在医院里待一周。后来，医生们发现了一种更好的痘病毒，可用于天花接种，他们称其为痘苗病毒（vaccinia virus），并将接种流程命名为疫苗接种（vaccination）。

尽管有了疫苗接种，但天花病毒仍顽强地存活了下来。仅在20世纪，在世界卫生组织为期18年的全球捕杀行动之前，它可能已经杀死了5亿人。最终，世界卫生组织的全球捕杀行动将天花病毒"圈禁"在了阿里·马奥·马阿林体内。幸运的是，在与病毒的搏斗中，马阿林的免疫系统逐渐占据上风。更让人惊喜的是，马林接触过的91个人，没有一个感染天花。

至此，1977年，天花病毒的最后一个细胞、祸害了人类近4000年的灾难，被马阿林的免疫系统宣告死亡。

一点补充：目前世界上至少有两小瓶存活的天花病毒——一瓶在佐治亚州亚特兰大的一间生物实验室，另一瓶在俄罗斯新西伯利亚。没有哪个国家承认会将天花病毒开发为武器，但是在1971年，苏联曾对天花生物武器进行了实地试验，病毒扩散到了阿拉尔斯克（Aralsk）的一艘渔船上，造成3人死亡。此外，尽管马阿林是最后一个自然感染天花的人，但在 1978 年，英国伯明翰大学里，天花病毒通过实验室的通风系统逃到了楼上的办公室，导致一位名叫珍妮特·帕克（Janet Parker）的医学摄影师感染并死亡。由于广泛接种天花疫苗的行动已经停止，因此现在世界上大多数人口都很容易受到天花病毒的侵害。

16

谁讲了史上
第一个笑话？

如果将人类在地球上的历史比作一天，
这件事就发生在晚上 11 点 41 分（4000 年前）。

1872 年 11 月的一个下午，大英博物馆的一个角落里，亚述学家乔治·史密斯（George Smith）正弯着腰，盯着一块古老的黏土板，一个字一个字地破译板上的楔形文字。这项工作非常艰苦。楔形文字有数百个符号，又没有标点，2000 多年的风蚀雨淋，泥板上的刻痕已经模糊不清，几近消失。尽管如此，他仍旧满怀希望，仔细地阅读。这块破损的泥板上，暗含着一个秘密。因此，当博物馆的修复工终于把泥板上的字迹复原到清晰可读时，他迫不及待地开始辨认。终于，史密斯的手指落在了最后一个符号上，接着，他兴奋地大叫一声，从椅子上一跃而下，在馆室里又跑又跳，传闻说他激动得甚至把衣服都撕扯光了。10年，整整 10 年，史密斯不断搜寻，终于找到了《旧约》中最伟大的故事的证据。

当时，史密斯是公认的杰出的亚述学家，相较其显赫地位，他的受教育经历令人无法置信。14 岁时，他辍学，在布拉德伯里和埃文斯出版社（Bradbury & Evans publishing house）做钞票雕刻师。他的工作地点离大英博物馆很近，步行一会儿即到。于是，史密斯经常在午餐时间去博物馆。因为工作，他对细小的雕刻图案非常敏感，于是，博物馆珍藏的美索不达米亚古城的楔形文字泥板很快就吸引了他的注意。靠着每天的午餐时间，他自学了楔形文字。后来，他能够熟练地识别泥板上的文字，以至于大英博物馆把他从出版社挖了过来。从此，他就开始在大英博物馆工作，并很快就成了世界上最好的亚述学家之一。

1867 年，史密斯在泥板上发现了一则关于日食的记录，根据推算，他确定泥板上记载的日食正是天文学家计算出的发生在公元前 763 年 6 月 15 日美索不达米亚上空的日食。这一日期是人类历史上有确切记载的最古老的日期之一。

但当他继续翻译这些古老的文字时，他又开始痴迷于另一件事。他开始寻找《旧约》所描述的事件的第一手证据，尤其是诺亚大洪水。他认为，如此巨大的灾难性事件肯定会被记录在案。自开始搜寻之日起，过了整整 20 年，史密斯终于找到了他一直在找的东西：由奥斯曼帝国考古学家霍姆兹德·拉萨姆（Hormuzd Rassam）发现的一块泥板，其日期远远早于《创世记》，在泥板上的文字里，史密斯看到了"大洪水"的字样，并读到了关于一个人建造了一艘大船拯救了世间生灵的描述——不难理解，他看到这里的时候为何激动得撕扯光了衣服。

大洪水的故事，其实是《吉尔伽美什史诗》（ *The Epic of Gilgamesh* ）的一部分。学界普遍认为，《吉尔伽美什史诗》是有史以来最古老的小说。我们可以确定，至少在 2700 年前，一个不知姓名的亚述人在泥板上刻下了史诗，但无法确定，在此之前，史诗已经以口口相传的形式流传了多长时间。史诗中的故事是虚构的，但其与诺亚大洪水如此相似，这并不是巧合。大多数学者认为，正是史诗中的故事启发了《圣经》中的故事。

　　《吉尔伽美什史诗》代表了文字写作演变的最终形态。在最初的 1000 年里，文字写作在美索不达米亚一直是会计的专属领域，主要用于记录债务和执行税收。在当时的美索不达米亚，写作完全等同于信用评分表和纳税申报表。这给学者们提出了一个问题：一个如此机械、僵硬的会计制度，如何演变成了一个无限灵活、能够记录 2700 年前世界上最著名的故事的系统？

　　答案可能藏在一些书吏学校的笑话里。

　　笑话和幽默谚语最早出现在大约 4000 年前。当时，书吏学校的教师会写一些古老的妙语，让学生们抄写。亚述语言学家贾娜·马图萨克（Jana Matuszak）告诉我，这既是他们学习苏美尔语言的一种方式，也是传递道德观念的一种方式，就像古代版本的《伊索寓言》。起初，不过是一些简单的句子，后来，逐渐演变成了复杂的道德故事。我们几乎不可能知道哪个笑话或哪条谚语是最古老的，因为对楔形文字泥板日期的考证不可能达到如此精确的地步。然而，当我试探着向耶鲁大学亚述学教授本杰明·福斯特（Benjamin Foster）提出这个问题时，他却给出了一个回答。他认为，如果要提名"世界上最古老的笑话"奖，最佳候选者可能是 4000 年前的一行话：

看到狮子来到羊圈，狗套上了它最结实的皮绳。

这个，真的一点都不好笑。但是，一个有趣的笑话，其保质期有时只有几天，所以，现在我们觉得 4000 年前的一行话不好笑，也不奇怪。然而，我们关注的重点不在于它现在是否能逗人发笑，重点在于，创作这则阿卡德语笑话的作者收到了（或者至少他们希望收到）读者的笑声，福斯特如是说。

多亏了这个笑话和其他类似的笑话，人类最具创造性的发明从一个无聊的会计媒介变成了另一个完全不同的东西。从这些早期的谚语开始，写作逐渐成为一种交流方式，它可以传播故事，散播信息，所有口语能够表达的东西、所有一切大脑能够想象的东西，都可以写出来。这些索然无味的笑话，标志着文字媒介革命的开始，它不再是僵硬的纳税申报表，而是转变为喜剧剧本以及描述远古时期大洪水的史诗。

那么，这个可能拯救了书面交流的喜剧之星是谁呢？

我们就叫他威尔（Will）吧，借用一下莎士比亚先生的名字，论使用文字媒介，他可是最卓越的大师之一。我之所以称威尔为"他"，是因为学者们发现，最早的谚语主要是以男性的视角写就的，尽管女性书吏确实存在。

大约 4000 年前，威尔出生于一个古老的城市尼普尔（Nippur）。

尼普尔位于现在的伊拉克中部，巴格达以南大约 160 公里处。大约 7000 年前，人们在幼发拉底河边的沼泽地上建造了这座城市。尼普尔是世界上持续存在时间最长的城市之一，直到公元第一个千年的某一时间段，它才开始衰落。威尔出生时，幼发拉底河已经改道，曾经频繁遭遇洪水的平原已经基本干涸，尼普尔居民已经停止使用芦苇建造房屋，转而使用美索不达米亚的泥砖。

尼普尔曾是宗教圣地，城里设有一座中央神庙。考古学家们在尼普尔古城里发掘出多达 4 万块的苏美尔文泥板，其中大部分涉及神庙管理、官吏工资、公民税收和谷物核算。但是，有一些泥板明显来自尼普尔的书吏学校。在书吏学校中，神庙管理人员负责给年轻的学生们教授苏美尔语。威尔就是这类教员之一。这意味着他在阿卡德社会中的地位相对很高，可能出自一个有权有势的家庭。也许，他是个富二代呢。

阿卡德人是多神论者，他们相信日常生活的方方面面都有不同的神掌管，哪怕是极其细微的事都有相应的掌管之神。如果欠了债，他们会向太阳神乌图（Utu）祈祷以便能还清债务；如果想复仇，他们会向尼努尔塔神（Ninurta）寻求帮助；如果他们购买了某项服务，店主可能会指着水神恩基（Enki）发誓一定会快速完成工作。但亚述学家本特·阿尔斯特表示，威尔本人可能并不是非常虔诚，他在著作《古代苏美尔智慧》（*Wisdom of Ancient Sumer*）中写道，最早的那些谚语显示出"对社会行为的一种完全世俗的态度"。学者们也一致认为，像威尔这样的苏美尔书吏，就是阿卡德版本的"周日基督徒"（Sunday Christian），他们的宗教信念摇摇晃晃，随时可变。

威尔年少的时候，也上过书吏学校。对比下他的教育经历和现代的小学教育，会发现一些惊人的相似之处。孩子们在相似的年龄开始学习，做家庭作业，参加考试，并以同样的方式学习一些相同的课程。没有标点符号的楔形文字，其语法要简单些，但学起来依旧相当枯燥乏味。苏美尔语在当时已经是一种死语言。阿尔斯特指出了一些引人注目的错误，他认为是因为苏美尔语引起的。比如，一个学生想抄写"跛脚"的符号，结果他在泥板上刻了个"青蛙"的符号，这是一个明显的错误，且不是一个母语使用者会犯的错误。可以说，当时的苏美尔语，就像现在的拉丁语，它只属于受过极高教育的精英人士。

然而，学者们认为，书吏学校所教授的内容远不止簿记。在学校里，威尔还学习了礼仪和道德，了解了如何成为一个行为举止礼貌得体的美索不达米亚人。学习这些知识，主要的手段是古老的口头谚语，这些谚语往往会取笑一个典型的傻瓜，通过嘲笑他的恶习或蠢行，达到矫正行为的目的。马图萨克告诉我，这些古老的笑话和谚语是"侮辱的艺术"（art of insulting）的组成部分，这种艺术是在古代美索不达米亚发展起来的，在威尔之前，已经以口头形式存在了数个世纪。而威尔将这些短句刻在了泥板上，尽管用了相同的符号，但表示不同的目的，具有新的意义。很快（理所当然），威尔的新观念就在书吏中广泛流传开来，学者们发现了很多在威尔之后的笑话和幽默谚语，比如，下面的阿卡德式的奚落，就是马图萨克翻译并发给我的：

……智商和猴子差不多！

她住的房子是猪圈，烤箱是她的会客室。

你丈夫赤条条，你自己裹破布。屁股蛋儿晾在外。

书吏学校的老师们会讲这些幽默的奚落，既是为了活跃课堂气氛，也是为了给学生们传授知识。马图萨克写道："很明显，苏美尔说教文学中的'幽默'并不是指讲笑话或逸闻趣事。"它们往往展示了一个人如何嘲笑和戏弄傻瓜，主要目的是借此教育学生。比如，下面的例子：

愿我只有薄田三分，如此我能很快回家！

对这个"笑话"的现代释义可能是："我希望我不要赚太多钱，这样我就不用交那么多个人所得税了！"

威尔很可能在学生时代就学会了这些谚语和辱骂，当然，他学的时候都是口头形式。而且，他肯定学得很好，因为他最终晋升到了书吏学校教师的位置。教书的职业生涯中，他除了照本宣科，还创造了新课。他的课程，也即他的创新之处，在于将这些谚语和辱骂写成文字。也许，他是为了给学生们布置一个有趣的写作任务，毕竟，书吏学校里的学生们日复一日面对的都是浩如烟海的大麦运输记录和商业贸易数据，无休无止，让人乏味至麻木。而他为自己的创新之举选择的笑话很可能就是：看到狮子来到羊圈，狗套上了它最结实的皮绳。

威尔为什么会觉得这则笑话有趣呢？他认为笑点在于狗的内心自白。笑话里的狗心里肯定是这么想的："本来吧，我是一只看门狗，任务是把守羊圈，不让羊跑出来，现在倒好，狮子来了，我得赶紧转换身份，变成一只被圈养的宠物。"幽默感在翻译中消失了，但笑话的要点是永恒的。用现今的语言重新讲一遍这个笑话，可能会出现许多版本，比如，一个救生员决定午休，因为他看到（鲨鱼）鱼鳍划破了水面；或者，《鬼头大兵》（*Sgt. Bilko*）的整个情节。

在心理学家看来，有史以来最古老的笑话与现代幽默的各种形式有着如此多的共同点，并不算多么困惑的事情。在智人大脑的某个地方，似乎存在着某种形成幽默的基本公式，致使许多学者、哲学家、喜剧演员和作家不断追求对笑和幽默的普遍适用的解释。

古罗马博学家老普林尼相信，人体皮肤下面，紧挨着皮肤延展着一层膜，这层膜受到刺激，人就会发出笑声。他认为该解释合情合理，不然，为什么在腋下挠痒痒时人们会笑呢？不就是因为腋下皮肤薄容易刺激那层膜吗？而且，他认为，罗马角斗士被穿肠破肚、行将死去时会笑，也是出于同样的原因。最近，心理学家给"笑"下了一个广义的定义，认为笑是猛然间"愉快的心理转变"的结果。实打实地说，这比老普林尼的"膈膜理论"也就解释得略微充分了一点。于是，关于笑话如何激发"愉快的心理转变"，大致有 3 种理论解释。

第一种是学者们所说的幽默的乖讹论（the incongruity theory），上述看门狗的笑话就可以用此理论解释。喜剧演员会让你的大脑像山路十八弯一样运转，例如这样的句子："一个牧师，一个拉比和一个……鸭子一起走进酒吧。"麻省理工学院的马修·赫尔利（Matthew Hurley）

带领着一个 3 人研究小组，他们指出，人们从上述不协调的情境中体验到的快感，其实是大脑给我们的奖励，因为我们预设了正确答案，然后发现了别人的错误，因此，大脑奖励给我们一点多巴胺。乖讹论可以解释为何你在读到一个简单的笑话时，会愣一下，然后才笑。比如，这个笑话——一只白蚁走进一家酒吧，问："调酒师在吗？"你读完后会停顿一下，然后觉得有点意思。

第二种幽默理论是亚里士多德所说的优越论（the superiority theory）。

优越论描述的是当我们突然具有优越感时所体验到的幽默。通常情况下，这会以牺牲他人为代价，而且一般都是建立在别人的痛苦之上。梅尔·布鲁克斯（Mel Brooks）曾说："我割破了手指，这是悲剧；看到你掉进无盖下水道里死去，这是喜剧。"他明显引用了亚里士多德的观点。如果用数学方式来表达优越论，可以写出一个公式：喜剧 = 痛苦 + 距离。

最后，也是最根本的一个理论，是"释放论"（the relief theory）。美国哲学家约翰·杜威（John Dewey）对该理论的定义是"紧张感瞬间松弛"，它解释了这样一种发现幽默的体验：一个令人心生恐惧或紧张不安的事件，猛然变得安然无恙。例如，开盖时玩偶会猛然跳出来的玩偶盒，追逐游戏以及挠痒痒。释放论适用于不同物种。蹒跚学步的幼儿喜欢追逐嬉闹，黑猩猩也一样喜欢相互追逐，这表明从恐怖到安全的突然转变所产生的笑很可能起源于远古时期。

幽默常常涉及颠覆人们的期望，而人们期望的东西会因时间和文化的不同而发生巨大变化，在这个意义上，笑话揭示了社会结构。例如，谁会成为笑柄呢？是律师、野蛮人、乡绅，还是会计师？还有，什么会被嘲笑呢？种族、性别或外貌？根据优越论，我们知道，幽默往往会拳打脚踢社会中最脆弱的人。在用楔形文字写作的幽默中，被奴役的人和妇女受到的嘲笑远远大于其他人。下面这则笑话，是马图萨克发给我的，也是考古学家迄今为止发现的最古老的笑话之一，里面就透露出阿卡德文化厌恶女性的态度：

她（曾经如此）纯洁的子宫"完蛋了"——（这意味着）她的家庭失去了财产。

根据马图萨克的观点，"曾经如此纯洁"是书面讽刺的最古老用法之一。而这些古老的笑话进一步揭示了阿卡德人的社会结构。福斯特说，职级很低的官员和商人经常沦为攻击目标，而皇室成员则不会。那些表现出怯懦、野心、无礼、欲望和自负的人，也是被嘲弄的对象。然而，福斯特告诉我："我们对古老的礼仪标准知之甚少，因此很难在楔形文字中辨认出彻头彻尾的淫秽笑话。"

从古至今，违反礼节，包括诅咒骂人，都是漫画创作中备受青睐的手法。诅咒从根本上来说，是对文化禁忌的蓄意侵犯，它可能一直存在于人类文化中。然而遗憾的是，由于禁忌的短暂性，我们很难知道当威尔搬石头砸到脚时会骂一句什么话。另外，在一种文化中被认为是极端恶意的冒犯，在另一种文化中却可能被视为胆小懦弱。例如，现代英语中的许多脏话都与身体功能和性有关，但就在中世纪的英国，隐私是极其罕见的东西，那时候的英国人，会在露天场合进行很多现在在厕所里才会干的事。所以，在当时，一句话里含有厕所之类的字眼，恐怕就称不上脏话，因为它缺乏脏话所必需的文化冲击力。中世纪的幼儿园老师可能会在日常教学中使用"撒尿"一类的字眼，相反，当中世纪的英国人想要激起他人的愤怒时，他们会诅咒"上帝的骨头"或"上帝的血"。因此，当威尔搬石头砸到脚时，他骂了句什么脏话呢？是宗教性质的？种族的？与厕所相关的？或者与这些都无关的其他话？对此，学者们并不确定。

但是，尽管妙语不断变化，幽默和故事的基本结构却变化不大，甚至根本没有变化，下面的故事就是例子。这是一则4000年前的阿卡德语故事，福斯特说它是有史以来最古老的幽默故事之一：

> 9只狼抓到了10只羊。狼不知道该怎么分，因为分来分去都多出1只。狐狸来了，对狼说："让我来帮你们分吧。我有一个十全十美的分法：你们9个，拿1只羊，我独自一个，就拿9只羊吧。"

这个笑话中的狐狸，正是一种人物原型，人类学家称之为"骗子"。这种典型人物并不会破坏公物，而是破坏社会规则，只图一己之私。在目前已有研究的所有文化的民间故事中，都有骗子的身影。在美洲原住民部落中，骗子的角色通常由土狼扮演；在非洲文化中，则是由兔子扮演；而在好莱坞，扮演者则是金·凯瑞或兔八哥。这是个换汤不换药的角色，但智人的大脑似乎觉得它趣味无穷，令人着迷。

幽默、亵渎和骗子人物原型的持续时间表明，它们早已存在于所有智人的文化中，远远早于威尔拿起刻刀把它们写成文字的时间。但是，威尔是第一个把这些笑话写到泥板上的人，经过此举，原本低俗的笑话和谩骂成为有史以来第一批与会计无关的言论。威尔教授楔形文字的方法原本可能只是为了让学习变得容易些，结果却改变了文字媒介的本质。在威尔之后的几个世纪里，这些书面妙语一直保留在书吏学校里。但随着越来越多的教师开始写这些古代苏美尔谚语和说教文学，他们促使原本简单的文字发展为可以复现语言的所有声音的媒介。

起初，人们写就的文章不过是简单的一句话。但随着写作的进步，笑话和谚语最终变成了故事、神话、史诗、歌曲、传记和医学论文。威尔，这位书吏学校的教师，一个富有创造力的阿卡德人，他的一点微不足道的贡献，却揭开了波澜壮阔的篇章，书面历史从此生根发芽，枝繁叶茂。

遗憾的是，威尔安息何处，我们可能永远寻觅不到。不过，多亏了他的贡献，他那半低不高的幽默感留下了确凿证据，现在还在，将来也永远不会消失。

17

谁发现了夏威夷？

如果将人类在地球上的历史比作一天，
这件事就发生在晚上 11 点 55 分（1000 年前）。

从某种角度来说，现代智人走出非洲的历史，就是一部全球扩张和探索的历史。它始于大约 5.5 万年前，当时，现代智人突然之间从非洲出发，跨越西奈半岛，抵达中东，并大举移居欧洲和亚洲。

他们之中，有一群人向北迁徙，穿越了欧洲大陆，根据人类颌骨化石证据，他们在 4.1 万年前到达英国（通过陆桥）。有一群人则往南迁徙，他们行经印度，穿过东南亚，穿越苏门答腊岛、爪哇岛和巴厘岛之间的陆桥（现已被淹没），直到婆罗洲以东一条叫作华莱士线的深海海沟阻止了他们前进的脚步。虽说当时的海平面比今天低了近 91 米，但要穿越华莱士线，也必须有船。而从弗洛里斯岛上发现的智人牙齿来看，考古学家认为，这些智人船民至少在 4.6 万年前就越过了华莱士线，到 4 万年前，他们已经穿过澳大利亚，到了塔斯马尼亚岛的最南端。

另有一群人向东迁徙。他们穿越亚洲，4 万年前就在日本栖息繁衍，又向北行进，越过北纬 60 度线，进入西伯利亚西部。要知道，北纬 60 度线以北的地区，之前从未有人类生存下来过。但他们存活了下来，并在 3.2 万年前，穿越到白令陆桥。自此，他们无法再向南行，因为加拿大巨大的冰盖阻断了往南的通道。直到 1.6 万年前，地球变暖，冰层融化，他们才继续南下。离开加拿大后，第一批到达美国的人在第一个千年里就到达了南美洲最南端。到 4000 年前，人类已经登陆加拿大北极地区东部边缘，也到达了格陵兰岛。

到 3000 年前，我们宜居的星球上，每一块地区，几乎都有现代人类的身影，只有南太平洋那些郁郁葱葱、与世隔绝的偏远岛屿上，仍然荒无人烟。

大约 4.5 万年前，早期的船民越过华莱士线后，继续向东航行。起初，岛屿之间的距离非常近，站在这个岛的海滩上，都能看见那个岛。奥克兰大学考古学教授杰弗里·欧文（Geoffrey Irwin）提出了一个术语叫"航海保育园"（voyaging nursery），如此密集的岛屿恰好发挥了"保育园"的作用：海面浩渺无垠，群岛星罗棋布，每个岛却又相对独立，船民们在相对安全的环境中得以发展手工艺和航海技术。

这些早期的冒险家，就靠着他们简陋的帆船，乘风启航。他们的行踪轨迹，看起来就像在地图上玩跳棋一样，从一个岛跳到另一个岛上，直到他们抵达巴布亚新几内亚以东的所罗门群岛。然而，过了所罗门群岛之后，南太平洋上的岛屿之间的距离越来越远，最近的一个岛是瓦努阿图，它与所罗门群岛隔着令人气馁的 483 公里海域。

在之后几千年的时间里，这段 483 公里的距离阻止了人类向东太平洋前进。直到大约 3000 年前，考古学家所称的"拉皮塔文化"在台湾以南的地域兴起，人类历史上最"贪婪"的探险家们出现了。目前，我们几乎见不到拉皮塔船的物证，但学者们推测，拉皮塔人可能发明了舷外支架独木舟（outrigger canoe）。舷外支架能够增强独木舟的稳定性，提升抗风性能。于是，拉皮塔人驾着他们的独木舟，穿过了所罗门群岛，发现了瓦努阿图，然后向着远方的远方航行。400 年的时间里，他们发现了斐济、西波利尼西亚、汤加和萨摩亚。考古学家认为，他们发现岛屿的速度如此之快，唯一可能的解释就是他们探索未知世界的强烈渴望，就像欧文说的："他们出发……因为他们想看看地平线的另一边有什么。"

然而，在无边无垠的太平洋面前，拉皮塔人最终也停滞不前了。萨摩亚以外，远远地分散着一些岛屿，新西兰、库克群岛、塔希提岛、马克萨斯群岛、复活节岛、夏威夷，再远处就是南美洲海岸。岛屿之间的距离都是以数千英里为单位，按现在的观念，航行势必需要大型船只、数月时间以及专业航海家，然而，早在 1200 年前，波利尼西亚人就征服了如此广阔的海域，令人难以置信。

一部分波利尼西亚人向南航行，首先发现了库克群岛，接着是新西兰。其他人向东航行，先是发现了塔希提岛，接着是马克萨斯群岛、复活节岛，而根据新西兰红薯的证据，他们最后到达了南美洲的智利海

185

岸。红薯的原产地只有美洲，但在新西兰波利尼西亚人的农场里，却种有红薯，这证明至少有一批波利尼西亚探险家曾到达南美洲，他们不仅是观光，还隔着 9600 多公里的海洋，与南美洲居民保持着贸易关系。

然而，波利尼西亚人所有的航海成就中，能位列人类历史上最伟大的探索壮举的，应该是发现夏威夷。

夏威夷是世界上最孤立的群岛。它是一个地质活动中的小意外，仿佛地球在造陆运动中不小心打了一连串的嗝，于是，空空如也的海面上冒出了一堆岛屿。以夏威夷群岛为起点，无论往哪个方向，无论去任何地方，距离都非常遥远，以至于许多欧洲探险家发现岛上竟然有人类生活时，都认为发现它的人肯定是遇到海难，被洋流偶然卷到岛上去的。但是，计算机模拟、考古发现和重复航行都否定了上述说法，相反，证据表明，夏威夷的发现绝非偶然。尽管有说法称，夏威夷是被偶然发现的，但这一说法缺少证据支持，相反，考古学家斯科特·菲茨帕特里克（Scott Fitzpatrick）对太平洋信风和洋流的模拟分析表明，无论从哪里出发，不定向的航行能够登陆夏威夷的概率基本为零。可见，早期西方关于夏威夷是个偶然发现的理论正好弄反了。夏威夷的孤立，并不是它是被偶然发现的原因，而是它并非被偶然发现的原因。

根据菲茨帕特里克的说法，基本要满足以下条件才能发现夏威夷：探险家有明确目的，航行工具是快艇，出发时间是初秋时节，出发地很可能是马克萨斯群岛。

换句话说，南太平洋的殖民者们是史诗般的航海探险家，而发现夏威夷的人，应该是他们之中最伟大的探险家。

这人是谁呢?

我打算叫他柯克船长（Captain Kirk），这个名字来源于《星际迷航》中指挥星舰探索新世界的那位伟大的探险家。

大约 1000 年前，柯克出生在马克萨斯群岛上。马克萨斯群岛本身也是一个孤立的岛链，位于夏威夷的东南方向，距其 3700 公里。1000年前的马克萨斯群岛上存在着什么样的文化，考古学家们只能找到非常有限的文字记录，因为在柯克生活的时代，东波利尼西亚人并没有文字书写系统，而当欧洲传教士在 18 世纪踏上群岛时，随着他们上岛的疾病（主要是天花）杀死了 98% 的原住民，其结果就是，人类学家对这一古老航海文化的了解，多是由拼凑各方资料而来，包括考古证据、最早造访群岛的欧洲人的日记、邻近的波利尼西亚文化以及岛屿本身的地形等等。

在柯克生活的时代，马克萨斯群岛上的居民是牧民和渔民，而不是狩猎采集者。柯克会养鸡、养猪，种植面包树、芋头和山药，他也会去马克萨斯群岛礁石遍布的海边捕鱼，采集贝类。他穿的衣服极为简单，这些热带岛屿终年温暖，因此，他几乎可以不穿衣服，可能就只在腰间围了块树皮遮羞。虽然穿得简单，但他很重视装饰，除了树皮遮住的部位，他的其他身体部位几乎都有装饰。

1774 年，詹姆斯·库克（James Cook）远征南太平洋的著名探险历程中，他船上的水手查尔斯·克莱克（Charles Clerke）写下了他在马克萨斯群岛上的见闻，岛民们"从头至脚都有文身，文身的花纹是你能够想象得到的最漂亮的样式"。在马克萨斯岛民的观念里，文身是他们文化和宗教信仰的表达形式，他们对文身的态度严肃认真，并且终生都会进行文身。文身艺术家是专职专业人士，他们用骨针和锤子把炭墨打进客户的皮肤里，他们的客户则以食物、商品或服务支付报酬。这是一项既昂贵又痛苦的艺术。马克萨斯岛民指代文身的单词是"ta-tu"，而欧洲的水手们回国后，他们不仅把文身的艺术带回去了，同时也把"文身"这一单词带到了母语中。

几乎可以肯定，柯克全身都是文身，穿了耳洞，挂着象牙耳饰。在特殊场合，他会别上花，戴上公鸡尾羽做成的头饰，或者，他会戴一顶用海豚牙齿做成的皇冠，它的工艺非常精细，需要耗费几周的时间。所有他使用的东西，他都会进行装饰，因为在马克萨斯岛民的观念里，艺术不仅仅是审美，更是与诸神（他们有很多神）交流的方式。

他可能也是个音乐家。马克萨斯岛民曾有一种乐器叫鼻笛（nose flutes），根据欧洲探险家的描述，当地的男人们经常像饱受相思之苦的少年一样，在窗外为女人演奏小夜曲，不过他们用的乐器不是音箱和吉他，而是鼻笛。

但不用"几乎"或"可能"，柯克毫无疑问肯定是个战士。

马克萨斯群岛海拔很高，气候干燥，岛屿上峰峦起伏，斧削四壁，环绕着山谷。高岛（High islands）上的暴力是出了名的。陡峭的崖壁隔断了群体间的交流，而与世隔绝的群体很容易产生报复性杀戮，且持续不断。当然，他们的战斗范围和伤亡都小得多，不能与20世纪欧洲有组织的、国家支持的战争相比。但是，人类学的观察发现，岛上持续不断的暴力行为导致了超高的人均凶杀率，其数字是20世纪欧洲的5倍。

暴力引发的后果是：柯克可能会进行人祭，甚至可能食人。早期人类学家的报告表明，人祭和食人的情况都在马克萨斯群岛发生过，而根据政治学家詹姆斯·佩恩（James Payne）的观点，人祭是地方性暴力的可预见性结果。该观点或许带有基于刻板印象的成见，但人祭远非南太平洋或其宗教的独特现象。佩恩说，几乎每个主要宗教都曾有过仪式性杀戮的时段，该做法与特定宗教的教义没有多大关系，相反，它是一种长期暴力的症状。佩恩认为，频繁的暴力会带来双重影响，一是贬低生命价值，二是其普遍性会让公民信服一个观点：他们的神肯定喜欢暴力。从该理论出发，如果生命并无多少价值，那么为得到神的恩惠而献祭一条人命，似乎也不是什么难以承受的代价。

然而，比战士、农民、渔夫、音乐家的身份更重要的是，柯克是个水手。

1779 年，库克船长到达夏威夷时，东波利尼西亚人已经基本上放弃了远途航行，因此，柯克是如何学会航海的，我们也没有多少资料可以解释。不过，当时库克船长的"奋进号"（Endeavour）上，有位负责领航的塔希提人，叫图帕亚（Tupaia），他留下了一些记述。另外，1932 年出生于萨塔瓦尔岛（Satawal）的密克罗尼西亚传统航海家莫·皮爱鲁格（Mau Piailug），也留下了很多故事和经历。综合这些材料，学者们得以拼凑出一个可能的故事。

柯克的航海技能，应该是从他父亲或祖父那里学会的。皮爱鲁格即是如此，他的教育始于其祖父教他南太平洋的港口有哪些，风向如何变化，洋流是怎样分布的。柯克应该学会了利用星星导航，而从图帕亚的第一手资料来看，柯克所受的教育可以达到天文学博士的水准，而非傍着篝火认识几个星座。

在库克船长的"奋进号"上，图帕亚向库克做了巨细无遗的说明：社会群岛、南方群岛、库克群岛、萨摩亚、汤加、塔克鲁（Takelu）、斐济，所有这些地方位于何方，什么时候是适宜航行的时间，哪片水域有危险的暗礁，哪里有港口，它们的酋长是谁。虽然现在说法不一，但图帕亚要么是当时画了一张地图，要么是凭借自己的记忆给库克做介绍，总之，他的地图覆盖了南太平洋 2600 万平方公里的面积，包括其中的130 个岛屿。当时，"奋进号"上的一名海军军官候补生约瑟夫·马拉（Joseph Marra）评论说，图帕亚是"一个真正的天才"。要知道，库克船长和他的船员来自的国度，并非以思想开放著称，向来看不起外来文化，因此，图帕亚的天才称号，着实是他们给出的至高无上的赞扬。

波利尼西亚文化中没有文字，也没有地图，因此，柯克必须靠脑子记住数量大得惊人的信息。他必须知道夜空中某颗星是什么星，并清楚它们的运动轨迹；他必须知道哪颗星星在哪个季节出现，什么时候消失；也必须知道哪些星星在哪些岛屿上空时会达到天顶（zenith）。库克如此描述波利尼西亚人的航海能力：

> 他们中那些稍微聪明点的，都会辨别星星的位置，他们会准确地说出星星将会在哪个月份出现在天空的何处（只要它们会出现），他们也相当精确地知道它们每年出现和消失的时间，其精确度要比欧洲天文学家想当然的时间精确得多。

年长的航海家还会给柯克准备考试。考试在海面上进行，要求他独自一人出航，如果他迷路，那就必死无疑。柯克应该会经常航行到马克萨斯岛链中离他家比较近的岛，甚至也可能穿越1370公里到达塔希提岛。他驾驶的船，有时被叫作独木舟（canoe），但我觉得在把他的航海工具翻译成英文时，有些东西丢失了，导致人们对波利尼西亚人的航海能力有所误解，也因此才让（发现夏威夷的）无方向漂浮理论得以传播。英语中的独木舟，是你在平坦如镜的湖面上进行郊区一日游的工具，它可与柯克的船相去甚远。

　　根据现已发现的古代船体，加上口头故事的描述，可以得出，柯克的"独木舟"是一艘24米大小的双壳双体船（double-hulled catamaran），配有一个锅炉，至少两片帆，甲板上还有一个小棚屋，遮风挡雨。这个"独木舟"的制作工艺令人叹为观止，我觉得称其为"进取号"（Enterprise）也不为过。

　　"进取号"的船体是用粗大的琼崖海棠（tamanu）树干做成的，柯克加厚了木板以增加其承载能力，他从椰子壳上抽取纤维，拧成牵拉船桅和风帆的绳索，又用棕榈树叶编织成巨大的帆。学者们认为，建造如此巨大的船需要大量的资源，因此，在波利尼西亚文化中，探索未知岛屿不只是一个无关宏旨的爱好，而是其文化的组织原则。

　　建造完工的"进取号"可以容纳40人，储物空间也非常宽敞，可以装载足够维持几个月的食物和水。食物和水储存在椰子壳里，堆在船上，光是水就有4500多公斤重。按照"进取号"的规模，它本来还可以装载一个"工具包"，包括配好对的猪和鸡，以及可以繁殖的红薯、山药、面包果以及其他种子，如果发现了荒无人烟的岛屿，就可以开荒拓野。但是，在柯克前期的航行中，探险失败的次数太多了，因此他很可能只会带上完成搜索所需的船员和物资。

人到中年，柯克已经是一个经验丰富的远洋航海家了。他可能已经向东航行到过复活节岛，向西航行到过塔希提岛和库克群岛。但是，那次发现夏威夷的航行，他决定向北出发。波利尼西亚人并不知道往北走有什么土地，北方的神秘感使柯克产生了浓厚的兴趣。不过，也许就像考古学家帕特里克·柯奇（Patrick Kirch）的著作《我的首领是一条游往内陆的鲨鱼》（*A Shark Going Inland Is My Chief*）那样，一只太平洋金鸻飞过天空，引起了柯克的注意。

太平洋金鸻是一种飞鸟，体形较小，羽毛棕黄交错，在海滩和潮滩觅食。一年之中，它有 6 个月在马克萨斯群岛安家，每年的 4 月，它飞往北方，6 个月之后，又飞回来。1778 年，库克船长观察到金鸻在船顶上的天空飞行，他在日记中写道："这难道不是一条线索吗？北方肯定有一块陆地，这些鸟儿会在繁殖季节飞往那块陆地繁衍生息。"而在库克船长发出疑问的 1000 年前，柯克可能已经问过自己同样的问题。

柯克挺幸运的。太平洋金鸻的迁徙相当壮观，然而它们其实并未栖息在夏威夷，而是继续沿着阿拉斯加海岸线飞行。柯克幸亏没跟着金鸻航行。尽管如此，往北飞行的鸟儿可能依旧激发了他的希望：遥远的北方有一片土地。

菲茨帕特里克利用天气模型对柯克的航行进行了模拟，根据模拟，柯克发现前往夏威夷的最佳机会是在 11 月出发，那时信风正好，利于航行。如果他没有在秋天出发，而选择了其他季节，模型显示，他根本没有机会走到能看到夏威夷的距离，就不得不结束航行返回家乡。

一旦出航，柯克会自己计算经纬度来决定航向。计算纬度相对简单，他只需要测量星星的顶点或正午太阳与地平线的位置就可得到。但是，计算经度完全是另一回事。他很可能使用了一种极为严格的航海方法：航位推算法（dead reckoning）。简单地说，他会根据各种因素确定自己的位置，因素包括风向、浪涌、候鸟的飞行路线、星星的位置、太阳的运行轨迹，以及在洋流影响下的航行速度。要保证观测到相关数据，睡眠当然就是不可能的事情了。即使现代水手要进行航位推算，他们一天之中也要花 22 小时守着舵柄，剩下的 2 小时，他们休息，托付一个可靠的同伴继续跟踪航速和洋流。

航行中，柯克会仔细观察那些预示着附近会有岛屿的迹象：近岸海域的鸟类、一次折回的浪涌、海龟、漂浮的废弃物，或者地平线上堆积的一团云，这些都可能提醒他陆地的存在。给定典型条件下的计算机模拟显示，柯克的平均航速可能是 3 节（约 5.56 千米／时），这意味着在一望无际的海上航行了 24 天后，他可能才看到了海鸥，或者发现浪涌角度起了变化，或者看见了遥远的地平线上，云层在山尖上堆积起来，那是夏威夷群岛上 4200 多米高的冒纳凯阿火山（Mauna Kea）。

没人知道柯克具体是在哪里登陆的。库克船长在其两次航行中，分别选择了两个地方登陆，第一次是可爱岛（Kauai）的威米亚湾（Waimea Bay），第二次是夏威夷岛（Big Island）的凯阿拉凯库亚海湾（Kealakekua Bay）。但是，无论柯克是从哪里上岛的，他肯定会被眼前的伊甸园惊到：礁石上随处可见餐盘大小的海螺，地上跑着不会飞的大型鸟类，他想饱餐一顿实在太容易了，食材唾手可得。然而，他可能并没有在岛上待多久。大多数学者认为，波利尼西亚人最初的航行是探索性质的，因此，柯克很可能就是在岛上给船装满补给品，确认了这是一个适宜居住的岛屿，然后就扬帆回家了。

从航海的角度来说，柯克的归途比去程更危险。航行一个月后，他将会到达正确的纬度，但是问题来了：马克萨斯群岛是在他的东边呢？还是在他的西边？往东走还是往西走，这是一个可怕的选择。

柯克的困境是航海中的普遍问题，直到 17 世纪末，水手们才称其为"经度问题"（problem of longitude），它指的是除了日出日落时间的细微差别（现代人体验的时差），没有其他天体可供水手们判断东西方位。如果柯克在计算航速或洋流时犯一个小小的错误，或是一场风暴把他吹离航道，那么他就极易选错方向，走向一条死路。因此，他在航行中所做的每一次观察，都与他的性命息息相关，确保他不会迷失方向。

柯克的航行过去了 700 年后，英国海军准将乔治·安森（George Anson）在"百夫长号"（Centurion）上任舰长时，就遭遇了和柯克一样的困境。"百夫长号"在火地岛附近遇到了暴风雨，船只迷失方向，被迫停止航行。看着船员们开始因坏血病一个一个地死去，安森想找到胡安·费尔南德斯群岛（Juan Fernández Islands）以争取喘息的机会。他带领船只航行到了正确的纬度，但这时，他分不清楚经度了。向东走？还是向西走？他陷入了两难。最终，他两个方向都走了。他在危险的智利海岸附近来来回回寻找，不断折返，到最后终于找到港口时，已有 80 名船员死亡。

而库克船长亲自寻找马克萨斯群岛时，他依据的是之前阿尔瓦罗·德·门达尼亚船长（Captain Álvaro de Mendaña）留下的测量数据。门达尼亚在 1595 年抵达马克萨斯群岛，是第一个到达群岛的欧洲人，他记载下了相关数据，其中，群岛的纬度是正确的，但经度有 1100 公里（大约与得克萨斯州的宽度相当）的误差范围。但库克之所以找到了马克萨斯群岛，是因为他清楚自己的出发地在马克萨斯群岛以东，也就是说，他只需航行到正确的纬度，然后径直向西，就可以看到陆地。这种航海技术叫作沿经度航行（sailing down the longitude）。

但是，柯克的回程是从北往南航行，因此，沿经度航行的技术就不适用。当他到达正确的纬度时，如果因为估算错误导致白白行进了得克萨斯州的宽度那么长的距离，他根本没有机会弥补错误。因此，他必须确切地知道是向东还是向西。

欧洲水手一直都不会测量经度。直到 1761 年，一位名叫约翰·哈里森（John Harrison）的英国钟表匠发明了一款能在几个月内保持走时精确的手表，欧洲水手这才会测量经度。柯克究竟是怎么测量经度的，始终是个谜。一些学者推测，在几千年的岛屿殖民历史中，说不定发展出来了一些特别的技术，而柯克就是利用这些技术来测量经度的，当然，这些技术早已消失得无影无踪，今人对此闻所未闻。正如欧文在《航行与定居》（*Voyaging and Settlement*）一文中写道的："有可能，这些伟大的航海家清楚诸多岛屿上的天顶星辰（zenith stars），并且形成了一种算法，从而让水手们能够毫不畏惧地驶离他们生活的岛屿，向西航行。"

柯克回到马克萨斯群岛后，很有可能会带领一个殖民小组再次前往夏威夷。他们的船队可能包括几艘船，每艘船载着 40 个人，还载着开拓殖民地所需的动物和种子。记录显示，他们抵达夏威夷后，烧毁了大片森林，开辟田地，并且大量捕杀岛上不会飞行的大型鸟类，以至它们在一代人的时间里灭绝了。在这片从未有人涉足的丰饶土地上，人口呈爆炸式增长，当大约 800 年后库克登岛时，岛上已有大约 50 万居民。

至于柯克，他可能继续进行着自己的航海事业。几个世纪以来，波利尼西亚群岛东部各岛屿之间，始终保持着联系。在波利尼西亚人的口述历史中，有一个古代航海家往来于塔希提岛和夏威夷之间的故事，而在塔希提岛上，有用夏威夷岩石制成的古代石器。但是最终，航海的传统消失了。或许，正如柯奇所说，一旦夏威夷人口达到一定的门槛，波利尼西亚人就又重新把精力集中在自己群岛之间的航行上。当库克船长带领船队驶进可爱岛时，有数十条船出来欢迎他，但没有一艘船能达到"进取号"的规模。不过，尽管古老的双体船已经不复存在，库克本人却对波利尼西亚人的航海能力没有丝毫怀疑，他一直认为，波利尼西亚人占据夏威夷是有计划、有预谋的殖民行动。

2014 年，考古学家在以色列的一个洞穴中发现了一小块 5.5 万年前的人类头骨。这一小块骨头代表了现代智人探索我们这个宜居星球的开端。

5.5 万年后，柯克发现夏威夷标志着探索历程的结束。